Mein
Dschungelbuch

Mein Dschungelbuch

BEGEGNUNGEN MIT INDIENS WILDEN TIEREN

ERLEBT, ERZÄHLT UND FOTOGRAFIERT VON AXEL GOMILLE

KOSMOS

AFGHANISTAN

CHINA

PAKISTAN

Himalaja

NEPAL

BHUTAN

④

Delhi

③

Yamuna

Ghaghara

Brahmaputra

④

Ganges

BANGLA-
DESCH

⑤

①

Kalkutta

MYANMAR

Narmada

⑥

Mahanadi

INDIEN

Bombay

Golf
von
Bengalen

Godavari

Arabisches
Meer

Krishna

②

Bangalore

N

W   O

S

SRI
LANKA

0   200   400   600   800   1000
Kilometer

Indischer Ozean

die tiere des dschungelbuchs

wie alles begann ...

Indien ist berühmt für seine einzigartigen Kulturschätze wie das Taj Mahal. Dass der Subkontinent auch viele Naturschätze beherbergt, ist weniger bekannt. Ein Schlangenbeschwörer in den Straßen Delhis lässt aber schon erahnen, welche unglaubliche Artenvielfalt das Land zu bieten hat.

Es waren mehrere Ereignisse, die meine Faszination für die Tierwelt Indiens weckten, aber angefangen hat alles mit meinem ersten Kinobesuch. Ich muss etwa sechs Jahre alt gewesen sein, als ich mit meinen Eltern den Disney-Klassiker „Das Dschungelbuch" ansehen durfte. Als kleiner Junge mit großen Erwartungen habe ich den Kinosaal betreten, als Fan von Balu, dem Bär, habe ich ihn verlassen.

Etwas später bekam ich von meiner Großmutter eine Ausgabe des Dschungelbuchs von Rudyard Kipling geschenkt, das bereits 1894 erschienen war und als Vorlage für die bekannte Disney-Verfilmung diente. Ich verbrachte damals viele Nachmittage damit, in dem Werk zu schmökern. Besonders prägend war für mich aber noch ein anderer Fund. Hinter meiner Schule stand ein Altpapiercontainer, aus dem ich schon so manchen Schatz geborgen hatte, aber eine betagte Ausgabe des amerikanischen National Geographic Magazine aus dem Jahr 1976 erregte mein Interesse ganz besonders. Ich sprach damals noch kein Englisch, doch eine ausklappbare Karte sagte mehr als tausend Worte. Bedrohte Wildtiere Indiens waren da zu sehen: Tiger, Elefanten, Panzernashörner und neben vielen anderen auch Löwen. Asiatische Löwen, um genau zu sein, von deren Existenz ich bis dahin noch nie gehört hatte.

Im Laufe der Jahre wurde mein Interesse für wilde Tiere immer größer. Ich verschlang alle Informationen, die ich bekommen konnte – Bücher, Zeitschriftenartikel oder Naturfilme. Schließlich begann ich, Biologie zu studieren. In den Semesterferien versuchte ich, mit Naturfotografie ein wenig Geld zu verdienen. Auf jeden Fall besser als Taxifahren, dachte ich mir und wandte mich an die Redaktion der Zeitschrift „Das Tier", die von Bernhard Grzimek und Heinz Sielmann herausgegeben wurde. Tatsächlich bekam ich hier nach einiger Zeit die Chance, eine Fotoreportage über Asiatische Löwen in Indien zu machen – die Erfüllung meines Traums.

Mein erster Besuch in Indien im Jahr 1993 war eine prägende Erfahrung. Das riesige Land beherbergt einmalige Kulturschätze wie das weltberühmte Taj Mahal. Die Naturschätze, die der Subkontinent noch immer zu bieten hat, sind dagegen weniger bekannt. Leoparden und Wölfe, Wildrinder und Riesenschlangen leben neben mehr als einer Milliarde Menschen in einem Land, das dichter besiedelt ist als Mitteleuropa.

Das ist erstaunlich, vor allem im Vergleich zur Situation im „fortschrittlichen" Deutschland. Hier wird zwar Naturschutz gepredigt, aber keineswegs auch immer praktiziert, wie Braunbär Bruno schmerzlich erfahren musste – er war im Frühjahr 2006 nach Bayern eingewandert und wurde schließlich abgeschossen. In vielen Regionen Indiens dagegen leben Menschen und Wildtiere noch immer nebeneinander. Keineswegs ohne Probleme, muss man fairerweise hinzufügen. Dennoch hat mich bei jeder Reise aufs Neue beeindruckt, dass die Bevölkerung zumindest versucht, der Natur eine Chance zu geben. Bis heute existiert in Indien eine außerordentlich artenreiche Tier- und Pflanzenwelt – oft in direkter Nachbarschaft zu Menschen.

Rudyard Kipling war lange vor mir von Indien und seinen vielfältigen Bewohnern fasziniert. Er wurde 1865 in Bombay geboren und verbrachte seine ersten Jahre in Indien, ging in England zur Schule, kehrte dann aber wieder in sein Geburtsland zurück und arbeitete als Korrespondent einer indischen Zeitung. Durch seine Tätigkeit war er viel unterwegs und lernte dabei auch die exotische Tierwelt des Landes kennen. So verwundert es nicht, dass Tiere häufig als Protagonisten seiner Erzählungen auftreten.

Zum ersten Mal habe ich Indien 1993 für eine Fotoreportage über Asiatische Löwen besucht. Seitdem bin ich immer wieder in verschiedene Regionen des Landes gereist und habe das Leben der Wildtiere mit der Kamera beobachtet.

Kipling ging es aber nicht darum, biologisch korrekte Abhandlungen über das Leben im indischen Dschungel zu schreiben – er brauchte Charaktere für seine Geschichten. Zwar recherchierte er gut und nutzte Fachliteratur und Reiseberichte als Quellen. Das hinderte ihn jedoch nicht daran, seinen Figuren ganz willkürlich alle möglichen Eigenschaften anzudichten, wenn ihm das nötig erschien. Mit dieser Mischung aus Fakten und Fiktion war er sehr erfolgreich – immerhin wurde ihm als erstem Engländer der Literaturnobelpreis verliehen. Zum weltweiten Klassiker wurde das Dschungelbuch aber erst als Zeichentrickverfilmung von Walt Disney aus dem Jahr 1967. Seinem Team gelang es, Kiplings düstere Vorlage aufzuheitern und mit einer gewissen Leichtigkeit zu versehen. Seitdem gewinnt das Dschungelbuch in jeder Generation neue Fans hinzu.

Für mich zumindest war es eine große Quelle der Inspiration. Ich bin sehr glücklich darüber, dass mein Traum aus Kindertagen, Balu, Shir Khan und die vielen anderen Tiere selbst zu erleben, im Laufe der Jahre in Erfüllung gegangen ist. Das Ergebnis halten Sie in den Händen – mein ganz persönliches Dschungelbuch.

im tal der tiger

In Tigerreservaten verraten Schilder, dass man sich im Reich der charismatischen Raubkatze befindet. Ein weiteres untrügliches Zeichen sind Spuren im Staub. Bis man jedoch einem leibhaftigen Tiger begegnet, kann viel Zeit vergehen. Dem jungen Männchen (rechts) ist ein Wildschwein zum Opfer gefallen.

Kein Wesen verkörpert den Geist der indischen Wildnis mehr als der Tiger. Er ist ein Symbol für Wildheit, Kraft und Anmut. Maharadschas und Moguln sahen in ihm den Herrscher des Dschungels, einen würdigen Gegner bei der Jagd. Inzwischen sind die Großkatzen sehr selten geworden, doch ihre magische Ausstrahlung bleibt ungebrochen. Auch ich möchte im Dschungel einem Tiger in die Augen blicken. Deshalb zieht es mich in die großen Wälder im Herzen Indiens, in denen die heimlichen Jäger noch immer ihre Reviere haben. Hier folge ich mit Geländewagen und Reitelefanten den Spuren der sagenhaften Raubkatze.

Interessiert mustert mich Raj mit seinen aufmerksamen Augen und streckt prüfend den Rüssel nach mir aus. Der betagte Elefant soll mich sicher durch das Tal der Tiger im zentralindischen Bandhavgarh-Nationalpark transportieren. Über das Dach eines Geländewagens klettere ich auf den Dickhäuter, auf dessen Rücken ein sperriger Sattel befestigt ist. Schwere Seile, die um den Bauch des Bullen geschlungen sind, sollen die wenig vertrauenerweckende Konstruktion halten. Vor mir auf dem Hals des mächtigen Tieres sitzt der Mahout, der Elefantenführer. Seine nackten Füße baumeln hinter den Ohren des grauen Riesen und signalisieren ihm mit leichtem Druck, dass es losgeht. Im sanften Schaukelschritt tauchen wir in den Dschungel ein, die Luft duftet nach exotischen Blüten. Bald erreichen wir eine Wiese mit hohem vertrocknetem Gras. Der Mahout weiß aus Erfahrung, wo er suchen muss. Langsam durchkämmen wir den Grasdschungel, aber das Gewirr der Pflanzenstängel blockiert die Sicht. Viel zu spät entdecken wir den Kadaver eines Axishirsches, der Elefant tritt beinahe auf den leblosen Körper – die Beute eines Tigers. Ehe wir uns recht versehen, schießt auch schon die Raubkatze aus dem Dickicht. Mit fürchterlichem Brüllen, zurückgelegten Ohren und entblößten Zähnen empört sie sich darüber, dass wir ihrer Mahlzeit zu nahe gekommen sind. Nach wenigen Sprüngen steht die wütende Tigerin direkt vor uns. Es ist Sita – die Einheimischen kennen ihr Temperament. Uns stockt der Atem. Vor lauter

Schreck trompetet unser Reittier, der Mahout schreit, um den Koloss zu beruhigen. Aber der läuft so schnell er kann davon, und ich fühle mich ziemlich unwohl auf dem wackligen Elefantenrücken. Hastig greife ich nach den morschen Seilen, damit ich nicht der aufgebrachten Tigerin vor die Nase falle. Doch da ihr Scheinangriff erfolgreich war, entlässt sie uns mit einem letzten, warnenden Fauchen. Endlich gelingt es dem Mahout, die wilde Flucht des Elefanten zu bremsen.

Als wäre das nicht schon genug Aufregung gewesen, taucht plötzlich ein zweiter Tiger auf. Es ist ein Jungtier, einer der Söhne von Sita. Er ist schon fast so groß wie seine Mutter, hat aber noch eine Menge Unsinn im Kopf. Offenbar hat er genau beobachtet, wie verunsichert der Elefant gerade ist. Neugierig nähert sich der Halbstarke unserem Reittier von hinten. Beim Laufen schwingt der Schwanz des Kolosses gleichmäßig hin und her. Ich sehe, wie der Blick der Katze dem riesigen Pendel folgt. Einmal mit der Pfote dagegenhauen – die Versuchung für den verspielten Tiger scheint unerträglich. Schließlich nimmt der „Kleine" seinen ganzen Mut zusammen, spurtet die letzten Meter und will

Reitelefanten eignen sich hervorragend für die Suche nach Tigern, denn sie sind geländegängig und kommen fast überall durch. Mit ihrer Hilfe und einem erfahrenen Mahout, dem Elefantenführer, kann ich oft Tiger aus nächster Nähe bewundern.

dem grauen Riesen einen Klaps auf den Schwanz verpassen. Jetzt ist die Geduld des Elefanten wirklich am Ende. Sofort wirbelt er herum, wobei wir ordentlich durchgeschüttelt werden. Der Dickhäuter möchte seinen Kontrahenten sehen, doch den flinken Bewegungen der Katze kann er nicht folgen. Der junge Tiger wiegt etwa hundert Kilo und kann einem vier Tonnen schweren Elefanten nichts anhaben. Der Bulle ist jedoch sehr nervös, weil er ein Raubtier wahrnimmt, das stets geschickt genug ist, sich außerhalb seines Blickfeldes zu bewegen. Nach all dem Trubel hat unser Reittier eine Pause verdient, wir ziehen uns zurück, und auch der junge Tiger scheint kein Interesse an weiteren Spielchen zu haben.

Solche außergewöhnlichen Beobachtungen gelingen nur, wenn man sehr viel Zeit im Dschungel verbringt. Um mir das zu ermöglichen, arbeite ich einige Monate für eine tierbegeisterte indische Familie. Sie betreibt sogenannte „Lodges", Dschungelhotels, in wichtigen Tigerreservaten. Hier bin ich als Biologe und Naturführer tätig, nehme Gäste mit in den Dschungel, zeige ihnen die wilden Tiere und kläre sie über die Ökologie des Gebietes auf. „Wir müssen für den Tiger kämpfen", hat das Familienoberhaupt Kailash Sankhala, einer der erfahrensten Tigerschützer Indiens, eingangs zu mir gesagt. „Es lohnt sich!"

Tatsächlich kann man durch Tourismus viele Verbündete für den Tigerschutz gewinnen. Weltgewandte, verwöhnte Reisende und einfache Dorfbewohner ste-

Über mehrere Tage kann ich vom Elefantenrücken aus immer wieder dieselbe Tigerin bei ihren Streifzügen durch den Dschungel beobachten (unten). Zunächst betrachtet sie uns mit einer gewissen Vorsicht (rechts oben), doch bald präsentiert sie sich neugierig und völlig ungestört (rechts unten).

Disney hat künstlerische Freiheit walten lassen, als er im Dschungelbuch das indische Affenvolk von King Louie regieren ließ. Sein Vorbild, der Orang-Utan, lebt nämlich nicht in Indien, sondern in Malaysia und Indonesien. Die freche Affenbande, die Hanuman-Languren (oben), sind in Indien aber weitverbreitet. Tatsächlich habe ich sie oft in verfallenen Palästen gefunden (rechts).

hen Seite an Seite, sprachlos und voller Ehrfurcht, wenn ihnen der Herrscher des Dschungels eine Audienz gibt. Während meiner vielen Monate in Indien habe ich niemanden getroffen, den die Magie einer Tigerbegegnung nicht berührt hat. Mittlerweile hat sich in Bandhavgarh ein regelrechter Tigertourismus entwickelt. Aus aller Welt strömen Menschen hierher, um einmal einem wilden Tiger in die Augen zu blicken. Dabei sind es nur zehn bis fünfzehn Großkatzen, die sich regelmäßig sehen lassen. Die anderen leben zurückgezogen in tieferen Regionen des Dschungels. Die vertrauten Exemplare sind die meistbeobachteten und -fotografierten Tiger der Welt. Sie sind gewissermaßen Botschafter ihrer scheuen Artgenossen. Und von diesen wenigen Tieren hängen die Einkünfte Tausender Fremdenführer, Hoteliers, Restaurantbesitzer und Fahrer ab. Es lässt sich auf eine einfache Formel bringen: keine Tiger, keine Jobs. Umso erschreckender, dass Tiger noch immer gewildert werden, um mit dem Verkauf von Knochen und Fellen kurzfristige Gewinne zu erzielen.

Wenige Tage später reißt Sita einen Sambarhirsch auf einem unzugänglichen Felshang. Die Beute ist groß und wird sie und ihre Jungen über Tage ernähren. Jetzt stehen die Chancen schlecht, dass die Familie ins Tal der Tiger hinuntersteigt. Deshalb fahre ich weiter in die rund 250 Kilometer entfernte Kanha Jungle Lodge, die auch meinen Gastgebern gehört. Die Unterkunft liegt am Rand der abwechslungsreichen Mittelgebirge von Madhya Pradesh, deren weitläufige Täler ebenfalls gute Bedingungen zur Beobachtung von Tigern bieten. Ich kenne mich in der Gegend aus, weil ich hier schon längere Zeit als Biologe tätig bin. Kanha ist größer und nicht so überlaufen wie Bandhavgarh. In einer Landschaft wie dieser hat Rudyard Kipling die Handlung seines Dschungelbuchs angesiedelt – eine vielversprechende Region, um nach Shir Khan zu suchen.

Für meine Exkursionen steht mir ein klappriger Geländewagen zur Verfügung. Der jahrelange Einsatz auf holprigen Dschungelpisten ist nicht spurlos an ihm vorübergegangen. Oft habe ich hier mit platten Reifen und anderen Widrigkeiten zu kämpfen. Diesmal ist jedoch einfach nicht viel Sprit im Tank, weil die Vorräte im Camp zur Neige gehen, und so kann ich keine großen Runden drehen. Also mache ich aus der Not eine Tugend und warte an einem kleinen Teich, denn in der Hitze des Tages müssen viele Tiere zum Trinken kommen – warum nicht auch Tiger? Ich genieße die Stille. Schwarzstörche und Spießenten, Wintergäste aus dem Norden, suchen nach Nahrung, während sich im Uferschlamm ein Wildschwein suhlt. Das Bild erinnert mich an eine Auenlandschaft in Mitteleuropa. Erst die Ankunft eines Affentrupps und mehrere Pfaue verleiht der Szenerie wieder eine asiatische Note. Geier segeln in den warmen Luftmassen, und manchmal gleiten ihre Schatten über die Wasserfläche. Es ist ein ständiges Kommen und Gehen. Vorsichtig nähert sich ein kleiner Muntjakhirsch der Wasserkante. Gänzlich unbekümmert dagegen betreten Gaur die Bildfläche. Die riesigen Wildrinder löschen seelenruhig ihren Durst, wobei sie immer wieder mit den Ohren zucken, um lästige Fliegen zu vertreiben.

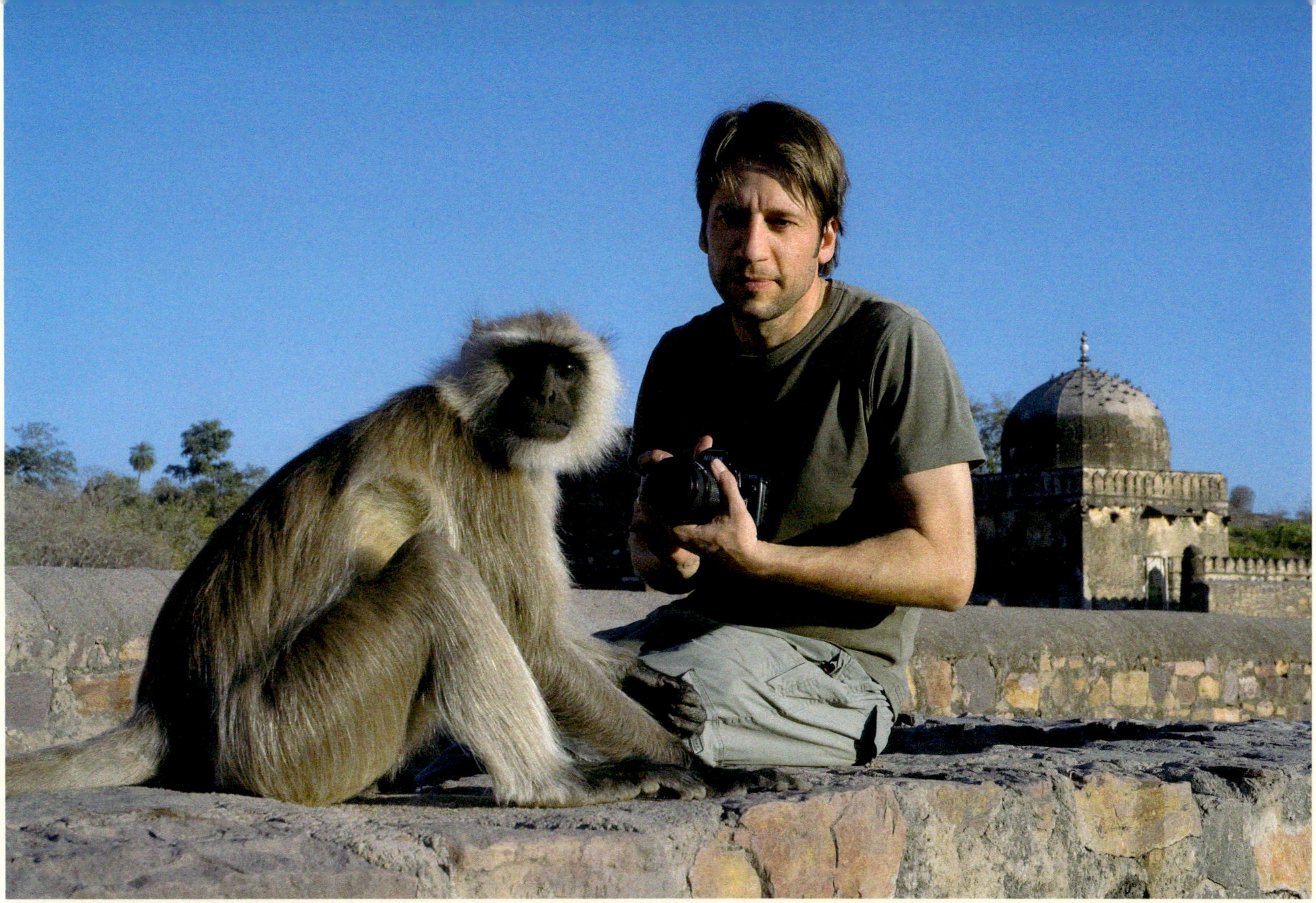

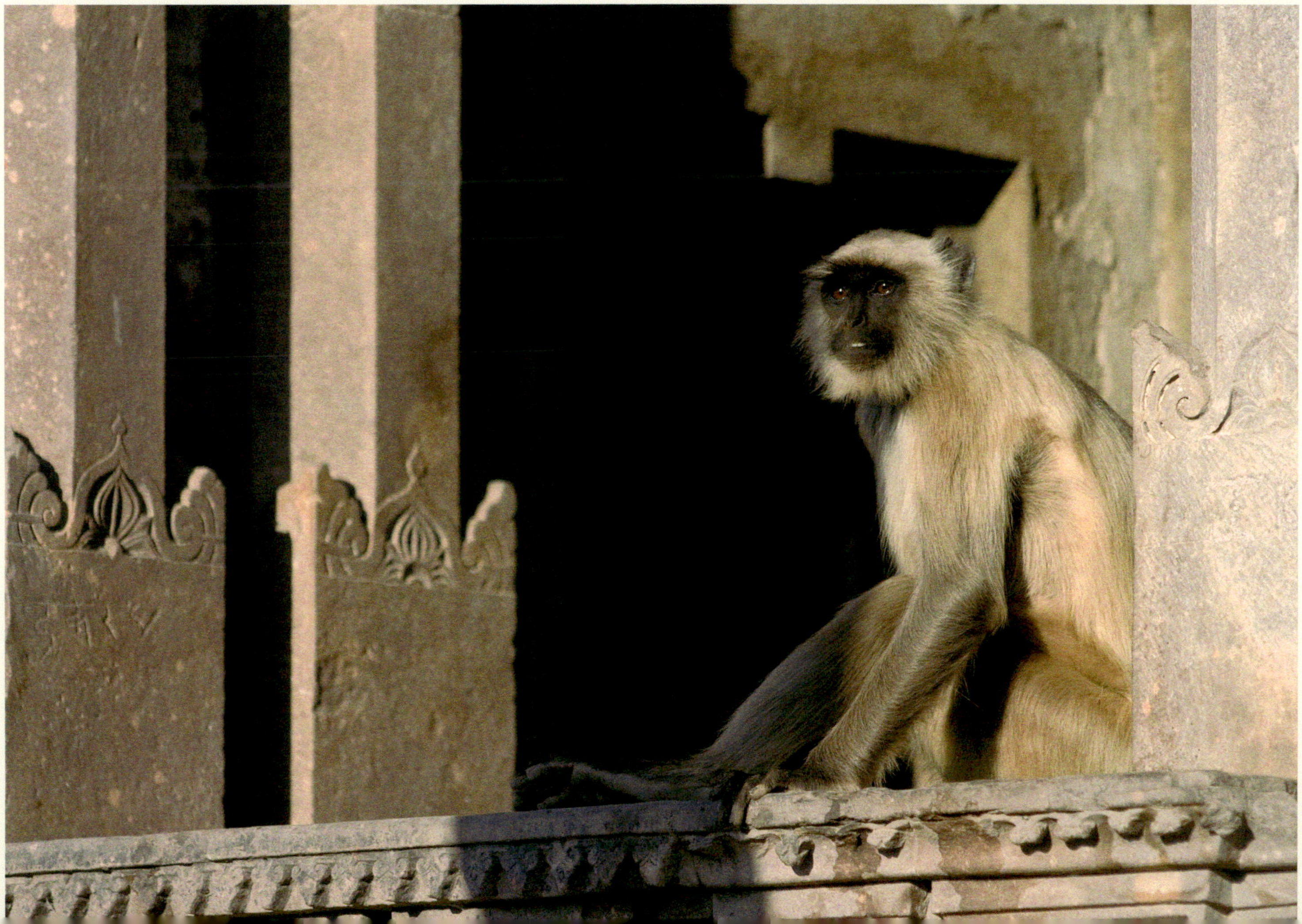

Als die Gaur verschwunden sind, wird es plötzlich unruhig. Vögel zetern und Hirsche stoßen Warnrufe aus. Plötzlich tritt ein ganzes Rudel Rothunde aus der Deckung des Dschungels, zehn Alttiere und etwa ebenso viele Welpen. Diese seltenen asiatischen Wildhunde haben große Streifgebiete, und man weiß nie so recht, wo sie auftauchen. Sogar Tiger haben vor diesen gefürchteten Jägern großen Respekt. Vielleicht erscheint deshalb keine Raubkatze am Wasserloch.

In den nächsten Tagen versuche ich mein Glück wieder vom Elefantenrücken aus. Weil ich in der Jungle Lodge arbeite, kennen mich die Wildhüter inzwischen und ich genieße ein paar Privilegien. So darf ich die Männer manchmal begleiten, wenn sie auf ihren Elefanten im Wald patrouillieren. Auf diesen stundenlangen Ritten durch unberührte Dschungelregionen dringen wir in wunderschöne Bereiche des Nationalparks vor, die mit dem Jeep gar nicht erreichbar sind, weil das Wegenetz nicht dicht ist. Dabei zeigt sich immer wieder, wie hervorragend Reitelefanten für diese Arbeit geeignet sind. Obwohl sie unbeholfen wirken, sind sie sehr geländegängig und kommen fast überall durch. Sie waten durch Bäche und Sümpfe, erklimmen steile Böschungen und drücken, falls nötig, auch störende Bambusbüsche zur Seite. Zwar bewegt sich ein Elefant langsam und hat nur einen kleinen Aktionsradius, aber man kann sich Tigern und anderen Wildtieren bis auf kurze Distanz nähern, denn untereinander haben die Dschungelbewohner oft nur wenig Scheu.

Tiger werden nicht nur gefürchtet, sondern auch als heilige Tiere verehrt. Vor allem im ländlichen Indien genießen sie großen Respekt, ihre Abbilder und Statuen werden in vielen Tempeln angebetet. Sicher hat diese religiöse Verehrung erheblichen Anteil daran, dass Tiger trotz aller Probleme bis heute in freier Natur existieren.

Seit mein Mahout Lakan Singh gemerkt hat, dass ich mich wirklich für die wilden Tiere interessiere, präsentiert er mir so manche Besonderheit des Dschungels. Heute können wir wieder über mehrere Stunden eine Tigerin beobachten. Lakan Singh möchte sich davon überzeugen, dass es ihr gut geht. Vor Kurzem hat sie sich bei dem Versuch, ein Stachelschwein zu fangen, eine tiefe Wunde zugezogen. Von dem Zwischenfall hat sich die Großkatze mittlerweile aber wieder gut erholt. Ganz überraschend kommt sie bis auf zehn Meter an uns heran, um uns genauer zu betrachten. Dann legt sie sich völlig entspannt auf die Seite, wobei die Schwanzspitze immer ein wenig in Bewegung bleibt – wie bei einer Hauskatze. Einmal schläft sie sogar direkt vor uns ein. Ein größerer Vertrauensbeweis ist wohl kaum möglich.

Doch die Idylle trügt. Nur wenige Tiger Indiens haben so ein sorgloses Leben. Nach einer ausführlichen landesweiten Untersuchung, die im Frühjahr 2008 vom „Wildlife Institute of India" veröffentlicht wurde, leben in den Dschungelgebieten Indiens nur noch etwa 1400 Tiger. Eine schockierend niedrige Zahl, denn zuvor war man von einem mehr als doppelt so hohen Bestand ausgegangen. Neben der Wilderei fordern vor allem Konflikte mit Menschen hohen Tribut. Wenn sich Tiger an Haustieren vergreifen, weil sie keine natürliche Beute mehr finden, werden sie oft ganz bequem mit Gift beseitigt, das nur wenige Rupien kostet. Am schlimmsten ist jedoch der massive Verlust des Lebensraums. In Indien leben mehr als eine Milliarde Menschen – für Tiger

Tiger sind in Bedrängnis, denn es gibt nicht mehr genug Platz für Menschen und Wildtiere. Heute leben nur noch etwa 1400 dieser Großkatzen in Indien – neben mehr als einer Milliarde Menschen. Direkte Verfolgung, vor allem aber die Zerstörung des Lebensraums (rechts), lassen den Tigerbestand zusammenbrechen.

bleibt da kaum noch Platz. Zwar kommen die Großkatzen heute noch in vielen Landesteilen vor, doch die meisten Tigerreservate sind nur kleine Inseln in einem Meer aus Städten, Dörfern, Feldern und heruntergewirtschaftetem Ödland. Oft können die Tiere nicht mehr zwischen den verbliebenen Schutzgebieten hin und her wechseln, weil Wanderkorridore fehlen, sodass viele Populationen von Inzucht bedroht sind.

Allerdings ist dies nicht die erste Krise, die die Tiger erleben. Als der Bestand der Großkatzen Anfang der 1970er-Jahre bei etwa 1800 Tieren lag, wurde „Projekt Tiger" ins Leben gerufen. Kailash Sankhala, Oberhaupt meiner Gastfamilie, war der erste Direktor. Neue Schutzgebiete und ihre effiziente Überwachung führten innerhalb von zwei Jahrzehnten zu einer Vordoppelung des Bestandes. Tiger haben keine hohen Ansprüche, sie kommen in den unterschiedlichsten Lebensräumen zurecht: im Regenwald und im Grasdschungel ebenso wie in Mangrovensümpfen. Sie brauchen ausreichend Nahrung, Wasser und sichere Rückzugsmöglichkeiten. Wenn diese Bedingungen erfüllt sind, vermehren sich die Großkatzen ohne Schwierigkeiten.

Wo Menschen und ihr Vieh immer tiefer in den Dschungel vordringen, vergreifen sich Tiger gern an Haustieren wie Rindern, weil sie leicht zu erbeuten sind – sehr zum Missfallen der Bauern. Der Konflikt nimmt zu, wenn junge Raubkatzen solche Vorlieben von den alten übernehmen.

Die Tigerin, die so sorglos vor uns döst, weiß von all diesen Problemen nichts. Ich erinnere mich an die Worte von Kailash Sankhala: „Tigerschutz kann sich lohnen." Das hat die Vergangenheit gezeigt. Ich hoffe, dass er auch diesmal recht behält.

Junge Tiger haben es schwer, neue Reviere zu finden, denn Menschen besiedeln selbst die direkte Nachbarschaft der Tigerreservate.

shir khan

Shir Khan, der Tiger, wird von Kipling und Disney als der große Bösewicht des Dschungelbuchs dargestellt. Die Tiere des Waldes fürchten ihn, denn er gilt als unberechenbar. Er möchte Mogli töten, bevor das Menschenkind groß genug wird, um den Spieß umzudrehen. Die Menschen und ihre Welt sind der Raubkatze verhasst – so wird es zumindest im Dschungelbuch geschildert.

Auch in der Realität ist das Miteinander von Tigern und Menschen keineswegs einfach, allerdings aus anderen Gründen. Viele Inder begegnen den Raubtieren zwar mit Furcht, aber auch mit Ehrfurcht. Der Tiger ist das Reittier der Göttin Durga, und seine Statuen und Abbilder werden in zahllosen Tempeln verehrt. Als ich im zentralindischen Tigerreservat Kanha gearbeitet habe, konnte ich miterleben, dass das Verhältnis der Dorfbewohner zu den gestreiften Großkatzen oft recht pragmatisch ist. Für sie waren Tiger keine abstrakte Gefahr, sondern reale Nachbarn, auf deren Gewohnheiten man sich einzustellen hatte. So wusste der Hirte Chula, dass am Rande des Dschungels seit vielen Jahren ein alter Tiger lebte, den die Dorfbewohner Bagh nannten. Immer wenn die Raubkatze einen großen Hirsch erlegt hatte, ging von dem vollgefressenen, faulen Tier für ein paar Tage keine Gefahr aus. War Bagh bei der Jagd aber nicht erfolgreich und entsprechend hungrig, dann musste Chula auf seine Herde besonders gut aufpassen. Hatte sich der Tiger doch mal an einer Kuh vergriffen, sank bei dem Hirten natürlich das Mitgefühl für seinen hungrigen Nachbarn.

In solchen Situationen sind die Dorfbewohner auch eher geneigt, mit Wilderern zusammenzuarbeiten – und die machen mit Tigerfellen und -knochen noch immer gute Geschäfte. Die enge Nachbarschaft zu einem so wehrhaften Raubtier ist recht heikel, und darin liegt das Grundproblem: Es gibt zu wenig Platz für Menschen und Wildtiere. Zwar leben heute noch in vielen Landesteilen Indiens Tiger, doch die Bestände sind klein und meistens voneinander isoliert. Daher haben die verbliebenen Großkatzen Probleme sich fortzupflanzen oder geeignete Reviere fernab der Menschen zu finden.

Gaur sind die größten Wildrinder der Erde. Ausgewachsene Bullen
(oben) können mehr als eine Tonne wiegen, ihre Größe und Kraft
bewahrt sie vor Angriffen des Tigers. Oft blockieren die Schwergewichte
mit großer Ausdauer Straßen und Pfade (rechts) – dann muss ich mir
einen anderen Weg suchen.

Die Tigerin Sita und einer ihrer fast erwachsenen Söhne rasten
während der Hitze des Tages im Schatten.

*Solange sich die Tiger ausruhen, sind Axishirsche (links oben) und
Hanuman-Languren (oben) vor ihnen sicher.*

Die Größe eines Tigerreviers schwankt mit der Anzahl der Beutetiere.
Wo es viel Nahrung gibt, wie in einigen Waldgebieten Zentralindiens
(unten), genügen den Raubkatzen schon zehn Quadratkilometer.

Sambarhirsche (oben) und Wildschweine (unten) gehören zur bevorzugten Beute von Tigern. Sie bleiben stets wachsam und können sich bei einem Angriff oft durch rasche Flucht retten.

*Nicht nur im Herzen Indiens, auch in den Vorbergen des Himalajas
(oben) sowie im Südwesten und Nordosten des Landes leben noch Tiger.*

Junge Tiger wie dieser, schon ganz Herrscher des Dschungels, sind Hoffnungsträger für das Überleben der bedrohten Großkatzen.

der berg der bären

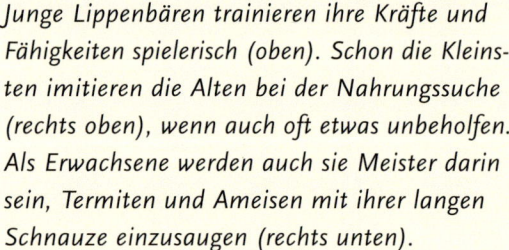

Junge Lippenbären trainieren ihre Kräfte und Fähigkeiten spielerisch (oben). Schon die Kleinsten imitieren die Alten bei der Nahrungssuche (rechts oben), wenn auch oft etwas unbeholfen. Als Erwachsene werden auch sie Meister darin sein, Termiten und Ameisen mit ihrer langen Schnauze einzusaugen (rechts unten).

Durch einige abgelegene Dschungelgebiete Indiens streift ein Bär, über den die Wissenschaft kaum etwas weiß. Er lebt so heimlich und zurückgezogen, dass er zu den am wenigsten erforschten Großtieren unseres Planeten gehört. Und doch sind viele Menschen schon mal diesem zotteligen Gesellen begegnet – allerdings nur im Kino. Der gemütliche Balu, dessen reales Vorbild der Lippenbär ist, gehört zu den Hauptfiguren des Dschungelbuchs. Aber wie lebt der rätselhafte Bär wirklich? In den Bergen Südindiens erhielt ich erstmals Einblick in das Familienleben dieser unbekannten Tiere.

Als ich in den Tigerreservaten Zentralindiens gearbeitet habe, war ich knapp vier Monate jeden Tag im Dschungel unterwegs. Im Laufe der Zeit konnte ich alle großen Säugetiere der Region ausgiebig beobachten – bis auf Lippenbären. Einem Tiger zu begegnen war leicht, verglichen mit dem Versuch, auch nur einen kurzen Blick auf einen Bären zu werfen. Meist sah ich nicht mehr als ein schwarzes pelziges Wesen, das rasch im Unterholz verschwand. Ich begann zu verstehen, warum es nur so wenige Fotos von Lippenbären in freier Natur gibt und weshalb kaum etwas über ihr Leben bekannt ist. Seitdem ließ mich der Gedanke nicht mehr los, daran etwas zu ändern.

Nach langen Vorbereitungen bin ich deshalb ins Daroji Bear Sanctuary gereist, sitze dort in einem Bambusversteck und hoffe, dass etwas passiert. Es ist ein kleines Reservat im südindischen Bundesstaat Karnataka, das gerade mal 56 Quadratkilometer umfasst – aber den Bären bietet es einen idealen Lebensraum. Es ist reich an Nahrung, und überall in den felsigen Hängen liegen Höhlen, in denen die Tiere Unterschlupf finden.

Diesmal ist das Glück auf meiner Seite. Eine Mutter mit zwei kleinen Jungen lebt ganz in der Nähe. Oft sehe ich sie tagsüber nach Futter suchen. Sie benötigt nun sehr viel Energie, um genügend Milch für ihren Nachwuchs zu produzieren, denn anfangs ernähren sich die Kleinen von nichts anderem. Bei der

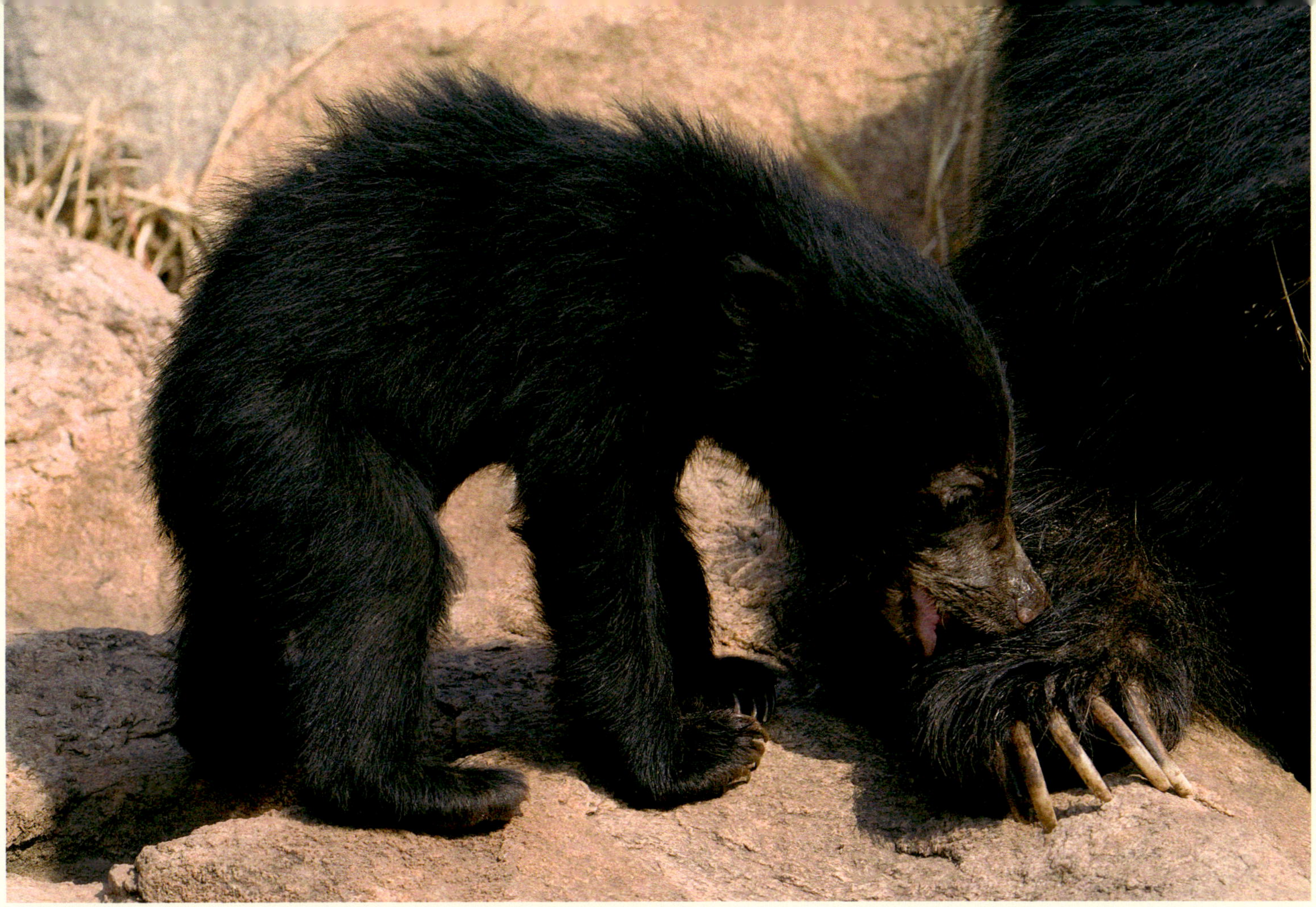

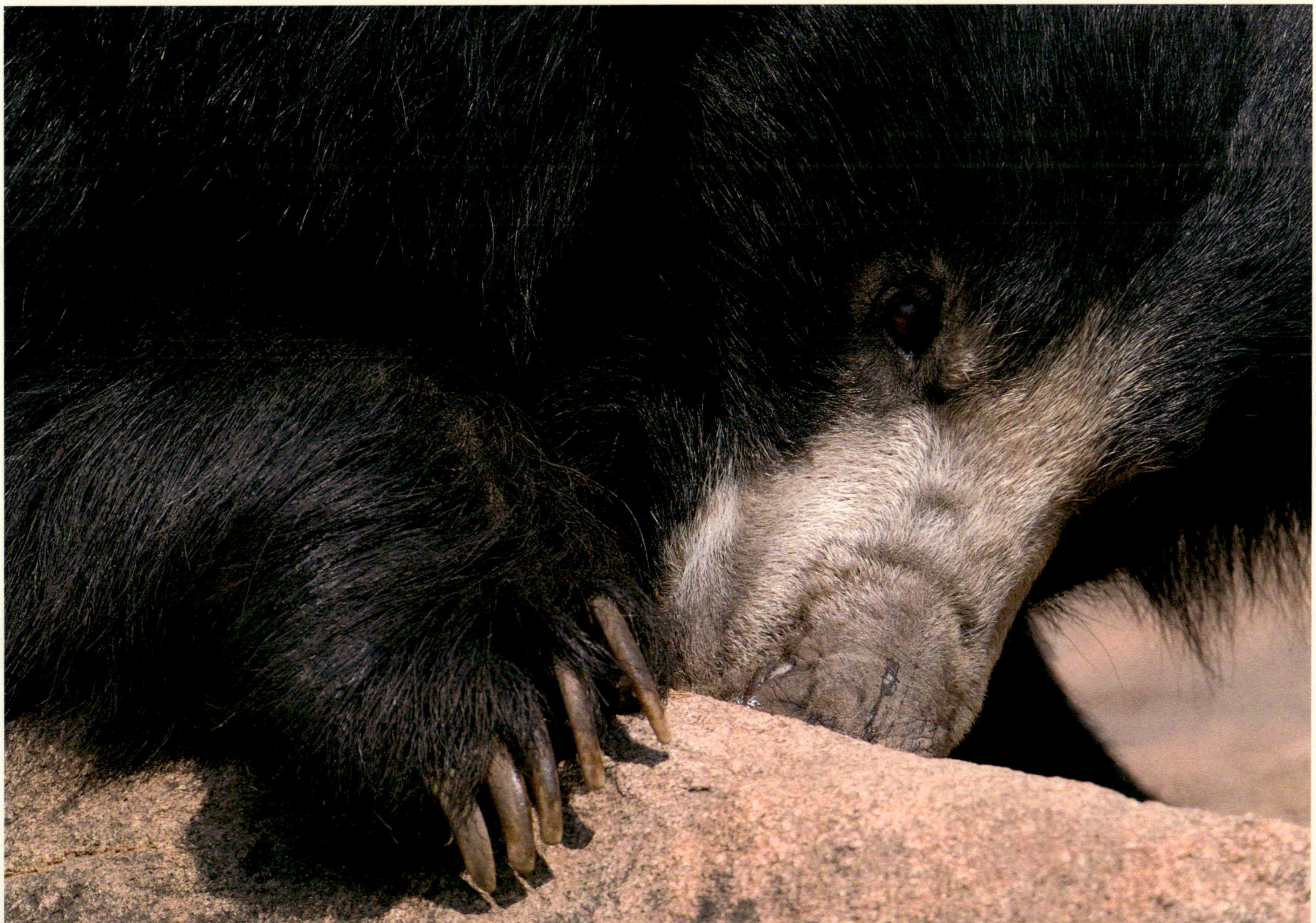

Geburt sind sie winzig, völlig hilflos und haben ihre Augen noch geschlossen. Ihre ersten zwei bis drei Lebensmonate verbringen sie in einer Höhle. Wenn sie danach die schützende Umgebung verlassen, trägt die Mutter sie auf ihrem Rücken, bis sie etwa neun Monate alt sind – dann werden sie einfach zu schwer! Bei Gefahr flüchten die Kleinen nicht auf einen Baum, wie andere Bären, sondern stets auf den Rücken ihrer Mutter. Dies scheint eine wirksame Strategie zu sein, um den Nachwuchs vor Tigern und Leoparden zu schützen.

Aber Raubkatzen sind gar nicht nötig, um die Jungen Zuflucht bei der Mutter suchen zu lassen – auch harmlose Tiere können ihnen einen ordentlichen Schrecken einjagen. Bei solchen Gelegenheiten zeigt sich interessanterweise, dass die beiden Bärchen ganz unterschiedliche Persönlichkeiten haben. Der eine ist ängstlich und traut sich kaum, seiner Mutter von der Seite zu weichen, während der andere ein mutiger Draufgänger ist, der ständig die faszinierende Welt um sich herum erkunden möchte. Als plötzlich ein Mungo aus einem Loch zwischen den Steinen herausklettert, reicht das schon aus, um den Schüchternen in die Obhut der Bärin rennen zu lassen. Sein mutiger Bruder dagegen schaut dem kleinen Raubtier interessiert hinterher.

Bei einer anderen Gelegenheit kreuzt ein Wildschwein ihren Pfad. Es ist ein großer Keiler mit Furcht einflößenden Eckzähnen. Mit diesen Hauern könnte er Angreifern tödliche Verletzungen zufügen. Kein Wunder, dass sich viele

Wenn die Bärenbabys im Alter von acht bis zwölf Wochen zum ersten Mal auf dem Rücken der Mutter die Höhle verlassen, haben sie zunächst große Mühe, sich in ihrem Fell fest-zukrallen (links). Etwas später wagen sie die ersten Ausflüge auf den eigenen wackeligen Beinchen, bleiben aber stets in der Nähe ihrer Mutter (unten).

Diese bizarre Hügellandschaft im südindischen Bundesstaat Karnataka ist traditionelles Bärenland. Hier finden die Tiere Insekten und viele Felshöhlen, in die sie sich zurückziehen können.

Wildschweine ziemlich selbstsicher bewegen. Da sich die Bären überwiegend von Insekten und Früchten ernähren, haben die Schweine von ihnen nichts zu befürchten. Man kennt sich und geht sich aus dem Weg. Aber die Jungen können den selbstbewussten Nachbarn noch nicht so recht einschätzen. Als der Keiler näher kommt, sind beide Bärchen gleichermaßen entsetzt. Sie rennen so schnell sie können und krallen sich im Pelz auf dem Rücken ihrer Mutter fest. Die setzt sich langsam in Bewegung, während die Kleinen verängstigt zu dem Ungetüm zurückblicken und jämmerlich quieken. All das lässt den Keiler kalt, und er trottet gemächlich vorüber.

Nur Vögel gelten offenbar nicht als gefährlich. Wenn Dschungeldrosslinge und Pagodenstare im Geäst turnen, scheint das die Bärchen zu faszinieren. Angezogen von den munteren Kerlchen, wagt der kühnere der beiden Brüder gelegentlich sogar selbst eine wackelige Kletterpartie in den Zweigen, die meist mit

unfreiwilligen Klimmzügen endet. Am Boden fühlt er sich deutlich sicherer. Als schließlich ein Pfau vorbeistolziert, marschiert das Bärchen direkt auf ihn zu. So viel Pioniergeist scheint der Schüchterne gerade noch zu verkraften und er folgt seinem Brüderchen – allerdings immer mit ein wenig Sicherheitsabstand.

Die Mutter dagegen lässt sich von anderen Tierarten nicht aus der Ruhe bringen. Sogar bei einer Begegnung mit Artgenossen reagiert sie gelassen – zumindest, solange es sich um Weibchen handelt. Über das Sozialverhalten von Lippenbären ist nur sehr wenig bekannt. Während meiner Wochen im Versteck kann ich vier Weibchen mit unterschiedlich alten Jungtieren beobachten. Ihre Aktionsradien scheinen sich in einem gewissen Maß zu überschneiden, und wenn es zu Begegnungen kommt, zeigen sie keinerlei Aggression gegenüber den anderen. Nur wenn ein erwachsenes Bärenmännchen auftaucht, ändert sich die Situation dramatisch.

Nach einigen Tagen sehe ich eine Mutter mit zwei Jungtieren aus dem Vorjahr, die viel zu schwer sind, um auf dem Rücken zu reiten. Als sie einen felsigen Hang überqueren, taucht plötzlich am Fuß des Hügels ein Männchen auf. Obwohl es noch recht weit entfernt ist, wird die Bärin sofort misstrauisch. Sie beginnt zögerlich hin und her zu laufen und kann ihren Blick nicht von dem Eindringling abwenden. Auf einmal stürmt sie auf das Männchen los, wobei sie fürchterlich brüllt und ihre beeindruckenden Eckzähne entblößt. Tatsächlich lässt sich der Störenfried von dieser Taktik einschüchtern. Die beiden erwachsenen Bären beginnen aber keinen wirklichen Kampf, sondern nur ein lautstarkes Brüllduell. Die Halbstarken sind völlig eingeschüchtert und trauen sich nicht, der Mutter von der Seite zu weichen, bemühen sich aber stets darum, im Hintergrund zu bleiben. Eine erwachsene Lippenbärin wiegt rund fünfundsiebzig Kilogramm, während ein Männchen etwa fünfzig Prozent schwerer ist und sie leicht überwältigen könnte. Bisher gibt es noch keinen Beweis für Kindestötung bei Lippenbären. Die entschlossene Reaktion der Mutter lässt ein solches Verhalten jedoch vermuten und zeigt, dass Männchen für Jungtiere eine echte Gefahr darstellen können.

In den meisten Fällen reicht ein Scheinangriff aus, um eine Auseinandersetzung zu klären, obwohl Lippenbären ganz andere Mittel zur Verfügung stehen. Abgesehen von ihren beeindruckenden Eckzähnen besitzen sie gewaltige Klauen. Sie werden üblicherweise zur Nahrungssuche eingesetzt. Termitenhügel

Es ist für mich faszinierend zu beobachten, dass die beiden jungen Bären (rechts) ganz unterschiedliche Persönlichkeiten haben. Der eine ist eher ängstlich, sein Brüderchen dagegen ein mutiger Draufgänger, der immer wieder testet, wie weit er sich von der Mutter entfernen darf.

können unter der heißen Tropensonne beinahe so hart wie Stein werden, aber den Bären bereitet es wenig Mühe, sie aufzubrechen. Kein Wunder, dass ihre Krallen nicht nur wertvolle Werkzeuge sind, sondern auch fürchterliche Waffen.

Dieser Umstand macht die Tiere auch zu einer potenziellen Gefahr für Menschen. Ich begegne den Bären daher immer mit großem Respekt. Aus Sicherheitsgründen steht mein Versteck auf stabilen, fünf Meter hohen Bambusstelzen. Damit bin ich allerdings keineswegs außer Reichweite. Lippenbären können wesentlich besser klettern, als es ihre Erscheinung vermuten lässt. Wenn ihnen ein verführerischer Duft in die Nase steigt, erklimmen sie selbst Baumkronen erstaunlich geschickt. Dennoch bietet mein Versteck Sicherheit, weil sich auf diesem Weg zufällige Begegnungen vermeiden lassen – im Grunde haben die Tiere nämlich gar kein Interesse an mir.

Einmal kommt es aber doch zu einer überraschenden Situation. Es ist ein heißer und windiger Tag, aber die ständige Brise bringt keine Kühlung. Ich trinke viel, um nicht völlig auszutrocknen. Mein Versteck will ich schon mittags beziehen, damit ich die Bären nicht störe, die meist abends erscheinen. Ich muss also mit einer langen Wartezeit rechnen. Das viele getrunkene Wasser drückt ein wenig, und ich entledige mich der überschüssigen Flüssigkeit an einem nahen, Schatten spendenden Baum, bevor ich mich auf meinen Ausguck zurückziehe. Während der größten Hitze lassen sich nur ein paar Vögel

Ein junger Lippenbär erklimmt einen Baum auf der Suche nach Nahrung (links). Sogar eine Mutter mit Babys auf dem Rücken habe ich in die Kronen klettern sehen. Nur alte schwere Männchen (unten) konnte ich nie bei solchen Klettertouren beobachten.

blicken, aber als es etwas kühler wird, taucht tatsächlich ein Bär auf. Er ist auf Nahrungssuche, dreht Steine um und untersucht gründlich die Gegend. Plötzlich stößt die Spürnase auf einen strengen Duft und trottet langsam, aber zielsicher in meine Richtung. Mir wird gerade klar, dass Lippenbären über einen guten Geruchssinn verfügen. Nur wenige Meter läuft der Bär an meinem Versteck vorbei, scheint aber keinerlei Notiz von mir zu nehmen und erreicht endlich die Quelle des würzigen Aromas. Unter dem Schatten spendenden Baum bleibt er stehen und beschnuppert die intensiv riechende Stelle mit professionellem Interesse. Schließlich wendet er sich aber doch ein paar leckeren Insekten zu. Erleichtert atme ich auf und beschließe beim nächsten Mal einen Baum zu suchen, der etwas weiter entfernt steht.

Am nächsten Tag taucht ein Weibchen auf, das ich noch nie zuvor gesehen habe. Sie trägt winzige, hilflose Babys auf dem Rücken, und es ist wahrscheinlich das erste Mal, dass sie gemeinsam mit ihnen die Höhle verlässt. Irgendetwas hängt in der Luft, sie kann es riechen, aber mir bleibt der Grund für die Unruhe noch verborgen. Plötzlich erscheint in der Ferne ein Männchen. Die aufgebrachte Mutter dreht sich ruckartig um und schüttelt dabei versehentlich eines ihrer Babys ab. Kreischend stürzt der überraschte Winzling etwa vier Meter in die Tiefe und prallt auf einen Felsen. Erst jetzt überblickt die Alte, was passiert ist, und klettert dem Vermissten hinterher. Verzweifelt versucht das Bärchen, sich auf Mutters Rücken in Sicherheit zu bringen, doch die bleibt

Eine Indische Rotmanguste (rechts) beobachtet neugierig einen Lippenbären und folgt ihm schließlich. Wenn die Petze auf Nahrungssuche gehen, fällt manchmal auch für diese zu den Mungos zählenden Raubtiere etwas ab.

ständig in Bewegung und schaut, ob das alte Männchen schon näher gekommen ist. Endlich gelingt es dem Kleinen, ein Bein der Mutter zu erwischen, aber noch bevor er daran hinaufklettern kann, rennt sie in Richtung ihrer Höhle. Diesmal ist es kein sicherer Huckepackritt. Das verschreckte Bärchen kann sich gerade so festklammern und hat großes Glück, nicht wieder hinunterzufallen.

Ein fester Griff ist lebenswichtig für die Jungen. Die zotteligen Gesellen sind die einzigen Bären, die ihren Nachwuchs regelmäßig auf dem Rücken transportieren. Wenn die Kleinen sich nicht richtig festkrallen, kann es schnell mit ihnen zu Ende sein. Ich frage mich, ob der Winzling Schaden genommen hat. Auch wenn keine Wunden zu sehen sind, so könnte er sich doch innere Verletzungen zugezogen haben.

Wenige Tage später kann ich die kleine Familie wieder beobachten. Die Mutter hat sich beruhigt, und das verunglückte Jungtier macht einen gesunden Eindruck. Auf dem Rücken der Bärin fordert es sein Brüderchen sogar zu einem spielerischen Kampf auf. Ich bin sehr erleichtert und voller Bewunderung für den kleinen Kerl. Seine Tapferkeit hat für mich durchaus Symbolkraft. Wenn alle Lippenbären so ein dickes Fell hätten wie er – vielleicht könnte es dann auch seinen Artgenossen gelingen, in einer vom Menschen geprägten Welt zu überleben.

Probier's mal mit Gemütlichkeit – es scheint fast so, als würde dieser Lippenbär das berühmte Lied aus dem Dschungelbuch kennen (unten). Dabei scheuen die zotteligen Kerle keine Mühen, wenn sie irgendwo Insekten vermuten (rechts).

balu

Hinter Balu aus dem Dschungelbuch verbirgt sich der Lippenbär – ein zotteliger Geselle, der nur auf dem indischen Subkontinent vorkommt und über dessen Lebensweise äußerst wenig bekannt ist. Kipling hat vermutlich Tanzbären gesehen, da die Tiere in Indien seit Jahrhunderten zur Belustigung am Straßenrand zur Schau gestellt werden. Mit Sicherheit hat er sich aber zum Namen für seine Romanfigur inspirieren lassen – denn „Bhalu" ist die Hindi-Bezeichnung für Bär.

Während Balu in Kiplings Dschungelbuch als einer von Moglis Mentoren eine ernste Rolle hat, ist er bei Disney eine Frohnatur und singt sich mit seiner Hymne „Probier's mal mit Gemütlichkeit" in die Herzen der Zuschauer. Seine unbeschwerte, sympathische Art ließ ihn zu einer der bekanntesten und beliebtesten Figuren des Dschungelbuchs werden. Obwohl er sich lieber vor Verantwortung drückt, hat er Mogli so gern, dass er sein Leben riskiert, um das Menschenkind aus den Händen der Affenbande zu befreien und vor den Klauen des Tigers Shir Khan zu schützen.

In der Realität kommt es in Indien leider immer wieder zu Konflikten zwischen Menschen und Lippenbären. Einige der meist zufälligen Begegnungen finden im Frühjahr statt, wenn die Mohwa-Bäume blühen. Die Bären schätzen den Geschmack der Blüten, und Menschen sammeln sie, um daraus ein leckeres Getränk zu brauen. Da die Bären echte Genießer sind, neigen sie dazu, beim Fressen die Welt um sich herum zu vergessen. Manchmal treffen Tiere und Menschen dann ganz zufällig aufeinander, und bei solchen Gelegenheiten wurden Dorfbewohner schon schwer verletzt. Die Bären machen sich auch gerne über Nutzpflanzen wie Zuckerrohr, Süßkartoffeln oder Erdnüsse her – sehr zum Missfallen der Bauern. Solche Konflikte entstehen, weil die Bären immer größere Teile ihres Lebensraums verlieren. Früher kamen sie auf dem gesamten indischen Subkontinent vor, aber heute sind von ihrem einst riesigen Verbreitungsgebiet nur noch kleinere, oft voneinander isolierte Bestände übrig geblieben.

Mit ihrer langen Schleppe fällt es Pfauen (unten) schwer zu fliegen.
Die meisten Strecken legen sie zu Fuß zurück.

Bis aus dem frechen Hutaffenbaby (oben) ein geschickter
Kletterer wird (links oben), werden noch Monate vergehen.

Die selbstbewussten Wildschweine genießen großen Respekt. Pfaue (oben),
aber auch die Bärenbabys gehen ihnen aus dem Weg (unten).

Wenn sich Wildschweinen die Gelegenheit bietet, fressen sie gerne Fleisch. Dieser Keiler hat die Tauben aber nur aufgeschreckt.

Eine Bärin (rechts) verteidigt ihren Nachwuchs gegen ein Männchen.
Diese stehen in Verdacht, Jungtiere zu töten.

Über das Sozialverhalten von Lippenbären ist nur wenig bekannt. Ich kann jedoch mehrmals Tiere unterschiedlichen Alters zusammen beobachten.

*Obwohl die jungen Bärenbrüder vor den meisten Tieren ihrer
Umgebung Angst haben, weckt dieser Pfau ihre Neugier.*

Die Bärin muss stets wachsam sein, denn
Wilderer stellen den Tieren nach. Verschiedene
Körperteile finden in zweifelhafter fernöstlicher
Medizin Verwendung, und die Jungen sind
auf dem Schwarzmarkt begehrt. Sie werden
grausam misshandelt, bis sie schließlich als
„Tanzbären" auftreten können und ihrem
Halter ein paar Rupien einbringen. Obwohl
diese Praxis seit Jahren nicht mehr erlaubt ist,
mangelt es leider an einer effektiven Umset-
zung der Verbote.

der garten der götter

Libellen haben sich versammelt, um gemein-
sam auf einem Busch zu übernachten (rechts),
doch am nächsten Morgen trennen sie sich
wieder. Riesenhonigbienen dagegen sind sozial
und arbeiten für den Erhalt ihrer Kolonie
zusammen (oben). Beide Insekten jagt der
Braunliest – ein großer Eisvogel, der in Indien
weitverbreitet ist (ganz oben).

In Rajasthan liegt der Keoladeo-Ghana-Nationalpark, auch bekannt als
Bharatpur, der vor allem für seinen enormen Vogelreichtum berühmt ist.
Papageien, Eisvögel, Ibisse und viele andere exotische Arten brüten hier oder
suchen nach Nahrung, während des Winterhalbjahrs gesellen sich zahlreiche
Zugvögel aus dem Norden hinzu. Weniger bekannt ist, dass im Unterholz
große Reptilien leben. Tigerpythons lieben den Wechsel von Licht und Schat-
ten, den Grenzbereich von offenem Land zu dichter Vegetation. Auf der Suche
nach den Riesenschlangen habe ich Bharatpur mit dem Fahrrad erkundet.

Die Sonne geht gerade auf, als ich am Tor des Keoladeo-Ghana-Nationalparks
stehe. Ich solle immer nur geradeaus fahren, sagt der freundliche Ranger, Tiere
würde ich dann schon sehen. Er beeilt sich, mein Ticket zu entwerten, schlingt
sich einen Schal um den Kopf und wendet sich dann rasch einem kleinen Lager-
feuer zu, um sich dort zu wärmen. Erwartungsvoll radle ich auf der maroden
Straße durch den Morgennebel, wobei mich neugierige Rhesusaffen beobachten, die in den Büschen entlang des Weges sitzen. Vor mir ertönt der charak-
teristische Ruf eines Pfaus, und es dauert nicht lange, bis der Vogel mit seiner
prächtigen Schleppe über die Straße stolziert. Die Vegetation lichtet sich und
gibt den Blick auf große Wasserflächen frei. Der Weg führt auf einem Damm
mitten durch sie hindurch. Überall tummeln sich Vögel: Reiher, Enten, Schlan-
genhalsvögel – die Fülle an Formen und Farben ist überwältigend. Nicht weit
entfernt ragen mit Akazien bewachsene Inseln aus dem Sumpf, auf denen
zahlreiche Buntstörche rasten. Eine große Nilgau-Antilope zieht durchs knie-
tiefe Wasser und sucht sich schließlich ein trockenes Plätzchen, um sich hier
ebenfalls auszuruhen. Alles wirkt sehr exotisch und dabei wunderbar friedlich.

Man möchte kaum glauben, dass Bharatpur ein Paradies aus Menschenhand
ist. Das Gebiet liegt in einer natürlichen Senke, die sich während der Regenzeit
vorübergehend in einen Sumpf verwandelt und seit jeher viele Vögel angezogen
hat. Mit einem System aus Becken, Schleusen und Kanälen sollte das Wasser

ganzjährig gestaut werden. Nicht etwa, um Vögel zu schützen, sondern um sie zu schießen, denn der Sumpf von Bharatpur war lange das Jagdgebiet der hiesigen Maharadschas. Paradoxerweise sind viele Nationalparks, die heute die Natur und Tierwelt Indiens bewahren, ursprünglich als Jagdreservate der herrschenden Klasse entstanden. Erst eine politische Neuordnung nach der Unabhängigkeit Indiens im Jahre 1947 ermöglichte es, wertvolle Landschaften nun für den Schutz der Artenvielfalt zu nutzen.

Als Bharatpur 1981 zum Nationalpark erklärt wurde, waren Tiger und Leoparden so gut wie ausgerottet – nur ganz selten verirrte sich noch eine der Raubkatzen hierher. Da auch keine anderen wehrhaften Tiere wie Elefanten oder Wildrinder vorkommen, darf man das Gebiet allein zu Fuß oder mit dem Fahrrad erkunden. So kann man heute all jene Kreaturen in Ruhe beobachten, die man übersieht, wenn man wie in anderen Reservaten in einem Geländewagen bleiben muss. Daher möchte ich mich hier auf die Suche nach Pythons machen.

Ein vielversprechender Ort scheint mir der sogenannte „Python Point" zu sein, an dem die Riesenschlangen häufig gesichtet werden. Hinter dem geheimnisvollen Namen verbirgt sich eine Ansammlung von Erdlöchern im trockenen Teil des Parks, in denen sich die Schlangen gerne verstecken. Pythons sind wie alle Reptilien wechselwarm, sie haben also keine konstante Körpertemperatur. Das

Das Fahrrad ist für mich das beste Fortbewegungsmittel, um Bharatpur auf der Suche nach Pythons zu erkunden (rechts). Auf dem Weg sehe ich viele unterschiedliche Wasservögel wie Löffler, Graugänse, verschiedene Enten- und Reiherarten (unten).

spart eine Menge Energie, bedeutet aber auch, dass sie von der Temperatur der Umgebung abhängig sind. Wenn es kalt ist, wärmen sich die Tiere in der Sonne auf. Bei großer Hitze müssen sie sich in den Schatten zurückziehen. Ihr Aufenthaltsort wird also stark vom Wetter beeinflusst – und das möchte ich nutzen.

Überall in der Umgebung des „Python Point" entdecke ich deutliche Kriechspuren der Schlangen im Sand, teilweise so breit wie Autoreifen. Fußspuren von Menschen sind allerdings noch häufiger, denn für ein paar Rupien bringen junge Männer aus der Umgebung oft Touristen hierher. Da Schlangen sehr empfindlich auf Bewegungen und Erschütterungen reagieren, verschwinden sie dann meistens in ihren Verstecken. Vielleicht kann ich deshalb trotz günstiger Temperaturen keinen Python entdecken. Langsam wage ich mich näher an die Erdlöcher heran, um sie etwas genauer zu betrachten. Es ist ein alter Stachelschweinbau – einige der schwarz-weißen Stacheln liegen noch immer im Eingangsbereich. Die großen Nager ziehen in der Regel aus, wenn ihr mühevoll angelegter Bau von Pythons besetzt wird. Die Schlangen selbst können keine Löcher in den festen Boden graben und machen es sich einfach in den Behausungen anderer Tiere bequem. Vorsichtig schaue ich in die verschiedenen Gänge. Pythons sind zwar ungiftig, aber ihre Bisse sollen sehr schmerzhaft sein. Tatsächlich kann ich in einer der Höhlen die Körperwindung einer Schlange erkennen, doch als sich eine lärmende Touristengruppe mit schweren Schritten nähert, wird mir klar, dass ich hier noch lange vergeblich auf ihr

Zur Winterzeit versammeln sich im Keoladeo-Ghana-Nationalpark oft große Trupps von Saruskranichen. Die Vögel fallen nicht nur durch ihre stattliche Größe von einem Meter fünfzig auf, sondern auch durch ihr lautstarkes Trompeten, mit dem sie Artgenossen begrüßen.

Erscheinen warten kann. Aber die Stachelschweine haben ja sicher auch in anderen Teilen des Nationalparks ihre Baue gegraben – ich muss nur tiefer in das Gebiet vordringen.

Ich schwinge mich wieder aufs Rad und fahre auf holprigen Nebenstrecken in abgelegenere Bereiche des Reservats. Stundenlang treffe ich keine Menschenseele. In der Ferne sehe ich Geier zur Landung ansetzen. Das ist immer ein gutes Zeichen für interessante Beobachtungen. Als ich näher komme, ist ihr Gezeter nicht zu überhören. Kreischend und flügelschlagend streiten sie sich etwa fünfzig Meter von mir entfernt um den Kadaver einer Kuh. Diese günstige Gelegenheit möchte ich im Bild festhalten und versuche mit großer Vorsicht, so nah wie möglich an die Vögel heranzukommen. Ich knie nieder und robbe schließlich auf dem Bauch, um nicht zu bedrohlich zu wirken. Es dauert eine halbe Ewigkeit, bis ich die fast deckungslose Strecke entlanggekrochen bin, wobei mich ein Goldschakal interessiert beobachtet. Überraschenderweise ist meine Vorsicht übertrieben. Die fressenden Vögel sind so beschäftigt, dass ich mich bis auf wenige Meter annähern kann. Besonders zwei streitende Bengalengeier verlieren im Eifer des Gefechts jegliche Fluchtdistanz. Während einer der Vögel mit ausgebreiteten Schwingen seine Überlegenheit demonstriert, versucht sein Kontrahent ihn wegzutreten. Federn fliegen, und am Ende bin ich so nah, dass ich im Gesicht einen Luftzug spüre, wenn die gewaltigen Vögel mit ihren Flügeln schlagen.

Bengalengeier streiten um die Reste einer Kuh (unten). Beim Fressen gibt es keine feste Rangordnung, die hungrigsten sind am aggressivsten (rechts oben). Mich lassen die Vögel erstaunlich nah herankommen (rechts unten).

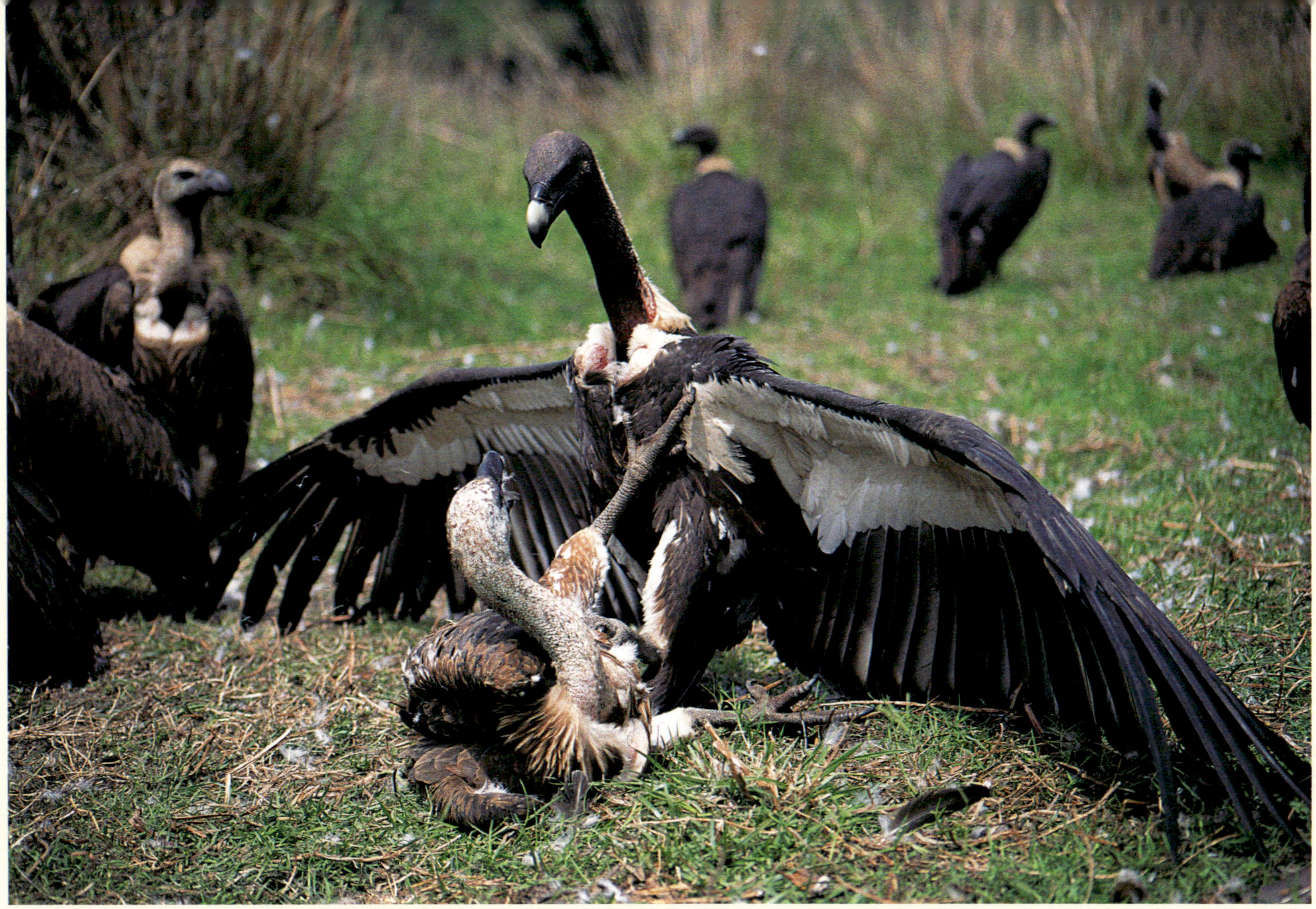

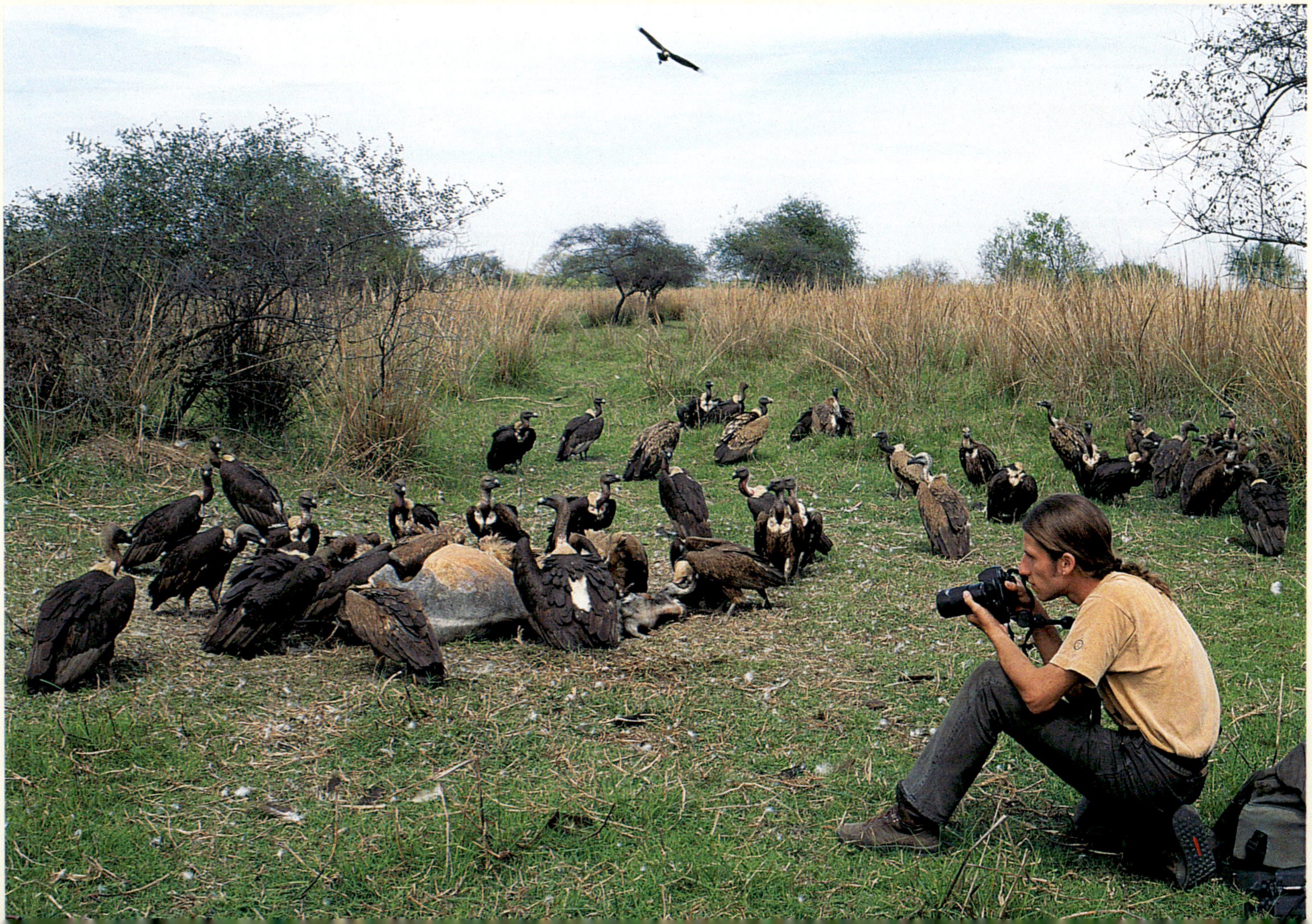

Nach diesem unverhofften Schauspiel konzentriere ich mich in den nächsten Tagen wieder auf meine Suche nach den Pythons. Ich habe einen weiteren Stachelschweinbau entdeckt, und Reste abgestreifter Reptilienhaut und frische Kriechspuren beweisen, dass hier ebenfalls Riesenschlangen eingezogen sind. Ich setze mich also hin, beobachte die Eingänge des Bausystems und warte ab. Tatsächlich taucht wenig später ein Schlangenkopf auf. Der Python hält kurz inne, prüft züngelnd die Umgebung und schiebt dann seinen gewaltigen Körper weiter nach oben. Die Länge des Reptils schätze ich auf vier Meter – das ist mehr als meine Entfernung zu ihm. Dennoch scheint das Tier keine Notiz von mir zu nehmen. Plötzlich regt sich auch in den anderen Höhlen etwas. Nach einer Weile liegen fünf Riesenschlangen vor mir, die ihre Körper nach der kühlen Nacht in der Sonne aufwärmen. Ihre schuppige, wunderschöne Haut funkelt im Licht. Um sie nicht zu vertreiben, verhalte ich mich sehr ruhig. Jede Bewegung, die zum Fotografieren nötig ist, kann ich nur in Zeitlupe ausführen, denn sonst würden sich die Tiere erschrecken und sofort in ihre Verstecke zurückziehen. Pythons sind enorm kräftig, es scheint, als würden sie nur aus Muskeln bestehen. Sie gelten als sehr gefährlich und sind sogar mancherorts völlig zu Unrecht als Menschenfresser verschrien. Auf mich wirken die Riesenschlangen jedoch sehr friedlich. Ich weiß, dass mir nichts passieren wird, solange ich sie nicht bedränge, daher fühle ich mich auch nicht unwohl. Im Gegenteil: Die Tiere aus der Nähe zu beobachten, ist ein Privileg – eine exklusive Begegnung mit Kaa aus dem Dschungelbuch.

Äußerst langsam nähere ich mich einem Tigerpython mittlerer Größe, denn bei einer unbedachten Bewegung würde er sofort in sein Erdloch verschwinden (unten). Dennoch ist Vorsicht angebracht, weil sich gelegentlich auch hochgiftige Kobras in die unterirdischen Verstecke zurückziehen (links).

kaa

Neben den vielen Vierbeinern tritt im Dschungelbuch auch eine schuppige Schönheit auf – die geheimnisvolle Riesenschlange Kaa. Ihr Vorbild war der in Indien weitverbreitete Tigerpython, der meistens etwa vier, in seltenen Fällen sogar sechs Meter lang wird. Das beeindruckende Reptil ist ungiftig und nutzt seine enorme Kraft, um Beutetiere zu erdrosseln.

An der Figur Kaa zeigt sich sehr deutlich der Einfluss von westlichem und östlichem Gedankengut auf die Charaktere des Dschungelbuchs. In Kiplings Originalversion gilt die Schlange als unermesslich weise, sie ist ein Freund und Mentor von Mogli. Hier scheint sich die Hochachtung widerzuspiegeln, die Schlangen in vielen Teilen Indiens entgegengebracht wird. Weil Schlangen sich häuten, ihr trübes Kleid abstreifen und darunter in neuem Glanz erstrahlen, gelten sie als unsterblich und symbolisieren die Ewigkeit. In Indien finden große Schlangenfeste statt, bei denen vor allem Kobras verehrt werden. Dagegen gilt die Schlange in der christlich dominierten Welt seit der Vertreibung aus dem Paradies als Symbol des Bösen. Kein Wunder also, dass Kaa bei Disney wesentlich schlechter wegkommt. Ihr einziges Ziel ist es, Mogli zu hypnotisieren und zu verschlingen.

Natürlich können Schlangen ihre Opfer nicht hypnotisieren, aber ihre Augen zeichnen sich durch eine anatomische Besonderheit aus: Sie besitzen keine beweglichen Lider, sondern sind jeweils von einer großen durchsichtigen Schuppe bedeckt. Der daraus resultierende starre Blick mag zur Legende um ihre hypnotischen Fähigkeiten beigetragen haben. Dennoch verfügen Pythons und einige andere Schlangenarten über außergewöhnliche, geradezu unheimliche Sinne: Sie sind in der Lage, Beute anhand ihrer Körperwärme aufzuspüren. Verantwortlich dafür sind Wärmesinneszellen am Kopf, mit deren Hilfe sich minimale Temperaturunterschiede wahrnehmen lassen. Dieses Prinzip funktioniert besonders gut in der Nacht, wenn die Umgebungstemperatur niedriger ist als die Körpertemperatur des Opfers. So können Pythons auch bei völliger Dunkelheit ihre Beute orten – da nutzt auch das beste Versteck nichts.

Die geschickte Rohrkatze (rechts) jagt jedes Wirbeltier, das sie überwältigen kann. Der Halsbandsittich (links) ist jedoch meist zu wachsam.

Die intelligenten Rhesusaffen sind in Nordindien weitverbreitet und kommen sogar in direkter Nachbarschaft der Menschen gut zurecht.

*Goldschakale (unten) fressen Aas, jagen aber auch selbst. An die gro-
ßen Nilgau-Antilopen (oben) wagen sie sich allerdings nicht heran.*

Der imposante Riesenstorch gehört zu den seltensten Vögeln Indiens.
Nur die Weibchen haben leuchtend gelbe Augen.

Indische Riesenflughunde können eine Spannweite von einem Meter zwanzig erreichen und leben in großen Kolonien.

Wenn die heiligen Kühe Indiens sterben, beseitigen Geier und andere Aasfresser die Reste – und der Kreislauf des Lebens geht weiter.

im reich der riesen

Reitelefanten sind im Grasdschungel die besten Fortbewegungsmittel. Mit ihnen komme ich nah an die seltenen Panzernashörner heran (rechts). Der Mahout weiß aus Erfahrung, welchen Abstand er zu den temperamentvollen Nashörnern (ganz oben) und Wildelefanten einhalten muss (oben).

Selbst aus dem modernen Indien sind Elefanten noch nicht ganz verschwunden. Sie nehmen an religiösen Zeremonien teil, ihre Statuen werden in Tempeln vergöttert, und einige abgerichtete Dickhäuter dienen nach wie vor als Arbeitstiere. Ihre wilden Verwandten existieren aber nur noch in wenigen Regionen des Subkontinents. In den Vorbergen des Himalajas etwa und in den großen Überschwemmungsflächen Nordostindiens leben bis heute große Pflanzenfresser. Das üppige Grün ernährt neben Elefanten auch Panzernashörner und wilde Wasserbüffel. Hier beobachte ich die grauen Riesen.

Es ist noch sehr kühl, als ich früh am Morgen meine kleine Hütte verlasse. Die Sonne kämpft sich gerade durch die Nebelschwaden und taucht die wildromantische Landschaft des Corbett-Nationalparks in goldenes Licht. Als ich die aufgeregten Stimmen einiger Einheimischer höre, die sich am Rande des Camps versammelt haben, laufe ich neugierig zu ihnen hinüber. Sie sind beunruhigt, weil sich ein alter Wildelefant sehr nah an die Häuser gewagt hat. Keine fünfzig Meter ist er entfernt und schaut zu uns herüber. Es ist ein gewaltiger Bulle: Er wiegt vermutlich mehr als vier Tonnen und ist an der Schulter etwa drei Meter hoch. Seine beeindruckenden Stoßzähne, von denen einer schief sitzt, machen ihn unverwechselbar. Für die Männer ist es nicht irgendein Elefant. Sie kennen ihn seit Jahren, er ist der mächtigste Bulle der ganzen Gegend. Berüchtigt ist er vor allem wegen seines ungezügelten Temperaments und seiner enormen Kraft. Die Dorfbewohner haben vor ihm deshalb besonders großen Respekt. Im Moment macht er jedoch keinen Ärger und marschiert in die Wildnis.

Corbett liegt im nordindischen Bundesstaat Uttarakhand in den Siwaliks, den Vorbergen des Himalajas. Es ist der älteste Nationalpark Indiens. Weil das Gebiet bereits seit 1936 unter Schutz steht, konnte es seine Ursprünglichkeit weitgehend bewahren. Vor allem der ungezähmte Ramganga-Fluss prägt die weite Landschaft, durch die noch immer seltene Großtiere wie Elefanten, Leoparden und Tiger streifen.

Eine Exkursion auf dem Rücken eines zahmen Reitelefanten ist der beste und schönste Weg, um Corbett zu erkunden. Gelenkt wird das Tier von einem erfahrenen Mahout, wie sich die Elefantenführer nennen. Im gemütlichen Schaukelschritt streifen wir durch das weite Flussbett des Ramganga. Sumpfkrokodile und ihre seltenen Verwandten, die Gaviale, sonnen sich an seinen Ufern, während auf den Inseln Herden von Axishirschen grasen. Bald drängt der Mahout zur Umkehr, denn die Länge der Ausritte ist klar begrenzt: Alle Reitelefanten müssen aus Sicherheitsgründen vor Sonnenuntergang wieder im Camp sein.

Den Grund dafür erfahre ich auf dem Rückweg. Wir überqueren eine große, mit hohem Gras bewachsene Insel im Ramganga. Rechts von uns sucht eine Herde wilder Elefanten nach Nahrung. Eine Kuh hat ein winziges Neugeborenes bei sich. Es kann nur wenige Tage alt sein und versteckt sich unter dem Bauch der Mutter. Die ist entsprechend besorgt und droht uns mit lautem Trompeten, stampfenden Füßen und wedelnden Ohren. Um sie nicht weiter zu beunruhigen, weichen wir nach links aus. Dort schlendert jedoch der riesige Elefantenbulle, der schon morgens das Camp belagert hat. Zum Umkehren ist keine Zeit. Zögernd blickt der Mahout um sich und versucht, die Situation einzuschätzen. Inzwischen sind auch hinter uns Wildelefanten zum Grasen in die Ebene gezogen. Jetzt bleibt nur noch die Flucht nach vorn. Es beunruhigt mich etwas, dass das souveräne Lächeln des Mahouts verschwunden ist, denn es ist nicht leicht, die Gelassenheit eines erfahrenen Elefantenführers zu erschüttern. Wilde

Kuhreiher (oben) suchen die Nähe von Nashörnern (unten) und Elefanten (rechts). Wenn die Kolosse einen Fuß vor den anderen setzen, scheuchen sie unzählige Kleintiere wie Insekten und Frösche auf – eine willkommene Beute für die Vögel.

*Der Name Elefantengras hat seine Berechtigung – eine ganze Herde
der grauen Riesen kann darin verschwinden.*

Elefanten haben ihre zahmen Artgenossen schon öfter attackiert, falls sie zu nahe gekommen sind. Wenn aber Tiere streiten, von denen jedes drei Tonnen oder mehr wiegt, sollte man als Mensch nicht zwischen die Fronten geraten. Der Mahout spornt unser Reittier daher zu Höchstleistungen an. So schnell es eben geht, schaukeln wir zwischen den Kolossen hindurch. Es scheint eine halbe Ewigkeit zu vergehen, bis vor uns eine Senke auftaucht, in die der Mahout flüchten will. Als wir näher kommen, treiben auch dort graue Elefanterücken durch ein Meer aus Gras. Es ist ein Albtraum für unseren Mahout – die Spannung steigt ins Unerträgliche. Wir halten den Atem an: Etwa vierzig wilde Elefanten umlagern uns nun. Der Mahout behält den Bullen mit dem schlechten Ruf ständig im Auge. Vor allem männliche Wildelefanten können gefährlich werden, wenn sie mögliche Nebenbuhler angreifen oder Weibchen nachstellen. Unser zahmes Reittier, eine Elefantenkuh, behält aber weiterhin die Nerven und schaukelt uns langsam, aber stetig aus der Gefahrenzone.

Panzernashörner, Wilde Wasserbüffel, Zacken- und Schweinshirsche weiden in einer Über- schwemmungsebene des Kaziranga-National- parks. So ursprünglich sahen früher viele Fluss- täler in Nordindien aus.

Früher waren solche Begegnungen in vielen Regionen Indiens möglich. Inzwischen lässt sich die größte Vielfalt beeindruckender Pflanzenfresser nur noch in Assam erleben, im Nordosten des Landes. Neben Elefanten grasen hier auch Panzernashörner und Wilde Wasserbüffel. Sie alle profitieren vom Brahmaputra, der vom Schmelzwasser des Himalajas gespeist wird und regelmäßig für Überschwemmungen sorgt. Die fruchtbaren Böden sind als Anbauflächen begehrt, doch zwischen Teeplantagen und Gummibaumhainen bewahrt Assams Juwel, der Kaziranga-Nationalpark, ein kostbares Stück Wildnis. Er ist ein Fenster in die Vergangenheit, denn so wie in dieser Sumpflandschaft voller Großtiere sah es früher überall in den weitläufigen Flusstälern Nordindiens aus. Berühmt ist der Nationalpark vor allem wegen seiner vielen Panzernashörner, die sich nach großflächigen Bestandseinbußen hier erstaunlich gut erholt haben. Über 1800 der urtümlichen Dickhäuter leben in Kaziranga – das sind mehr als zwei Drittel des Weltbestandes.

Panzernashörner wirken wie Wesen aus der Urzeit. Ihr prähistorischer Charme hat seinen Grund: Immerhin sind 15 Millionen Jahre alte Nashornfossilien bekannt, und am Aussehen der Tiere hat sich seitdem nur wenig verändert. Mit ihren dicken Hautplatten, die auf den Körper genietet zu sein scheinen, machen Panzernashörner einen besonders urtümlichen und gefährlichen Eindruck. Tatsächlich handelt es sich bei den Zweitonnenkolossen um sehr wehrhafte Tiere, auch wenn sie im Grunde friedliche Pflanzenfresser sind.

Damit schnell wieder frisches Grün sprießt, wird trockenes Gras hier stellenweise abgebrannt. In anderen Bereichen gedeiht vier Meter hohes Elefantengras – und darin verschwinden selbst Nashörner. Die Schwergewichte legen bequeme Pfade im Grasdschungel an, über die auch gerne andere Tiere wie Hirsche, Wildschweine, Tiger oder Lippenbären laufen. Sie eignen sich daher nicht für Exkursionen zu Fuß, weil man immer mit unangenehmen Überraschungen rechnen muss. Auch in Kaziranga nutze ich daher die Möglichkeit, das Gebiet mit Reitelefanten zu erkunden.

Elefantenmütter behalten ihren Nachwuchs stets im Auge und sorgen sich hingebungsvoll um die Kleinen. Weil sie in ihrem Leben nur wenige Kinder zur Welt bringen, ist jedes besonders wertvoll.

Schon frühmorgens geht es los. Begleitet werde ich von dem erfahrenen Mahout Tensing, einem kleinen Mann mit wettergegerbter Haut, der eine große Flinte bei sich trägt – allerdings nur für Warnschüsse, wie er mir versichert. Nebelschwaden schlängeln sich träge durch die Grasebene, während die Tautropfen in der aufgehenden Sonne funkeln. Der zahme Dickhäuter scheucht

*Das Vorland des Himalajas bietet sowohl stattlichen Seidenwollbäumen
(oben) als auch riesigen Elefantenbullen (unten) noch genug Platz.*

*Bei einer Bootsexkursion in Nordostindien wer-
den wir von einem Graukopf-Seeadler beobachtet (oben). Der Ranger besteht darauf,
aus Sicherheitsgründen ein Gewehr mitzuneh-
men – wegen der vielen gefährlichen Tiere.
Er muss es jedoch nicht benutzen.*

eine Barttrappe auf, und ein Schweinshirsch rettet sich vor den nahenden
Elefantenfüßen ins dichte Röhricht. Das Gras ist stellenweise so hoch, dass
sogar meine Knie vom Tau ganz nass werden. Kein Wunder, dass man hier ein
Nashorn auch mal übersehen kann. Doch Tensing weiß sich zu helfen: Ständig
achtet er auf ein Zeichen, das den Aufenthaltsort eines Tieres verraten könnte.
Tatsächlich steigt in einiger Distanz eine Dampfwolke auf. Es ist der Atem eines
Nashorns, der in der morgendlichen Kühle kondensiert und von der Sonne be-
leuchtet wird. Wie Walfänger, die in der Weite der Ozeane nach dem Blas ihrer
Opfer Ausschau halten, finden die Mahouts ihre Nashörner im Meer aus Gras.
Diese elegante Methode lässt sich natürlich nur anwenden, wenn Temperaturen
und Feuchtigkeit entsprechend sind – ansonsten müssen die Männer eben
länger suchen.

Es raschelt laut, als unser Reitelefant durchs Gras pflügt und sich dem Nashorn
nähert. Bedrohlich wirft es den Kopf in den Nacken, wobei es deutlich hörbar
Luft in die Nase zieht, um sie auf fremde Gerüche zu prüfen. Das dolchartige
Horn ist gut zu erkennen, und die ausgefransten Ohren schwenken aufmerk-
sam in unsere Richtung. Als der Mahout den Reitelefanten immer näher her-
antreibt, wird es dem Nashorn zu viel. Mit einem kurzen Ausbruch nach vorn
verweist es den Elefanten in seine Schranken. Der erfahrene Tensing kennt
solche Scheinangriffe, lässt sich aber nicht aus der Ruhe bringen und reitet
gemächlich durchs Gras davon.

Die seltenen Wilden Wasserbüffel, zu erkennen an ihren überdimensionalen Hörnern, sind die Vorfahren der domestizierten Hausbüffel.

Es ist lebenswichtig, dass der Mahout seinen Elefanten gut im Griff hat. Dafür ist eine enge Beziehung zwischen Mensch und Tier nötig, die über viele Jahre aufgebaut wird. Oft bekommt ein zukünftiger Mahout schon als Junge einen kleinen Elefanten anvertraut. In menschlicher Obhut können Asiatische Elefanten sechzig bis siebzig Jahre alt werden, sie haben also eine ähnliche Lebenserwartung wie Menschen. Im Idealfall wachsen der Mahout und sein Partner gemeinsam auf und verbringen ihr Leben miteinander – entsprechend vertrauensvoll kann das Verhältnis der beiden sein. Dabei ist das tägliche Bad ein wichtiges Ritual, das nicht nur für Sauberkeit und Wohlbefinden sorgt, sondern gleichzeitig die Bindung zwischen Mahout und Elefant stärkt – die Kolosse scheinen es jedenfalls zu genießen.

Am Nachmittag meines letzten Tages fuhren wir noch einmal in die Ebene am Fluss. Überall weiden die seltenen Zackenhirsche und Wilde Wasserbüffel, die mit ihren gigantischen Hörnern äußerst beeindruckende Erscheinungen sind. Als ich von einem Beobachtungsturm einen langen Uferabschnitt mit dem Fernglas absuche, zähle ich zwanzig Panzernashörner. Ein positives Zeichen, das auch für die Zukunft der anderen Großtiere Kazirangas Mut macht. In der Ferne marschiert eine Herde Wildelefanten aus dem hohen Gras und beginnt, Wasserpflanzen zu fressen. Auch drei Jungtiere sind dabei – ein idyllisches Bild. Es sieht aus, als hätten die Kleinen zumindest hier in Kaziranga eine sichere Zukunft.

Mahouts, die Elefantenführer, nutzen die Arbeitskraft ihrer Tiere, sind aber auch für deren Wohl verantwortlich. So helfen sie beim Baden (unten) genauso wie beim Zähneputzen (rechts oben). Währenddessen kümmern sich die Frauen um die Wäsche (rechts unten).

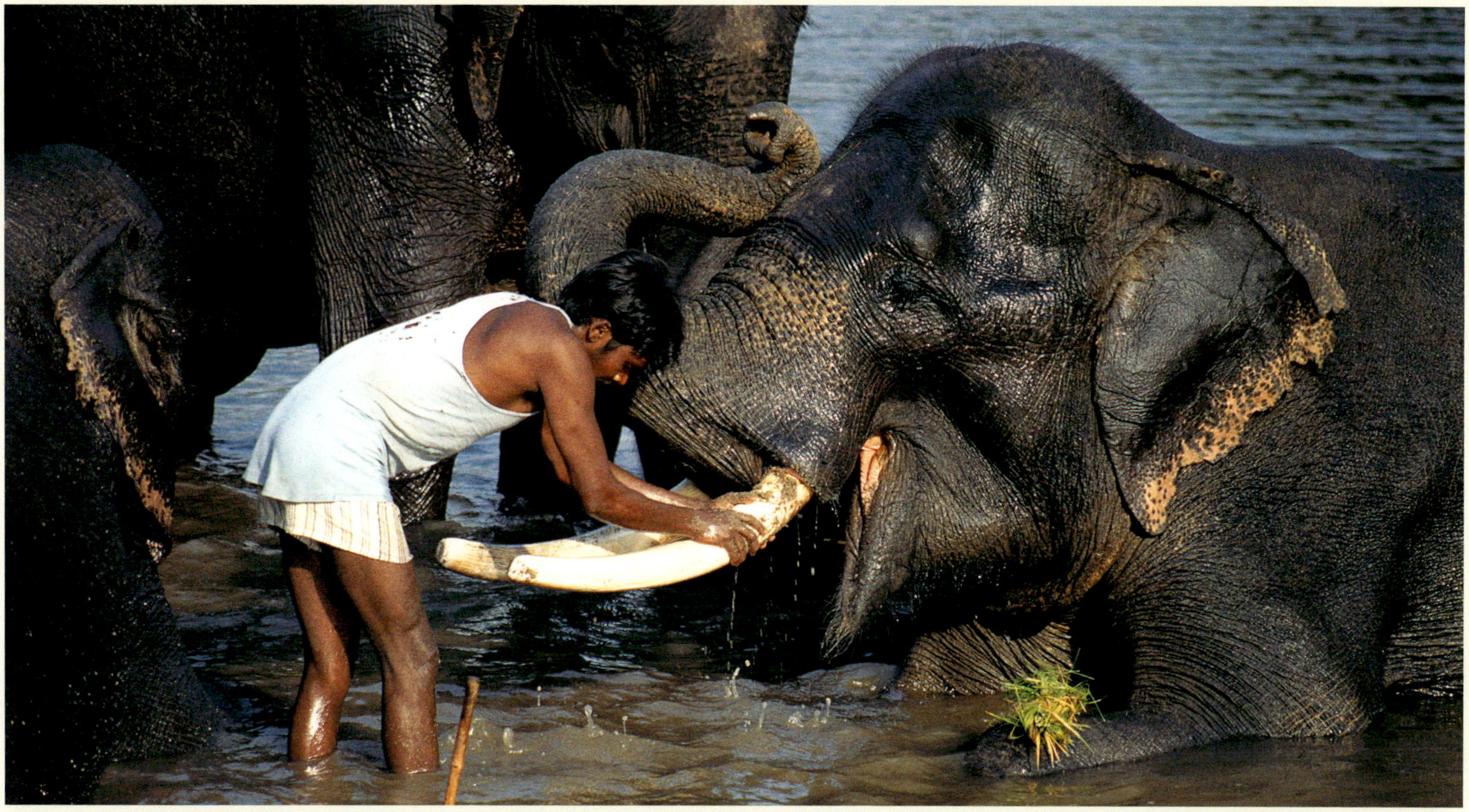

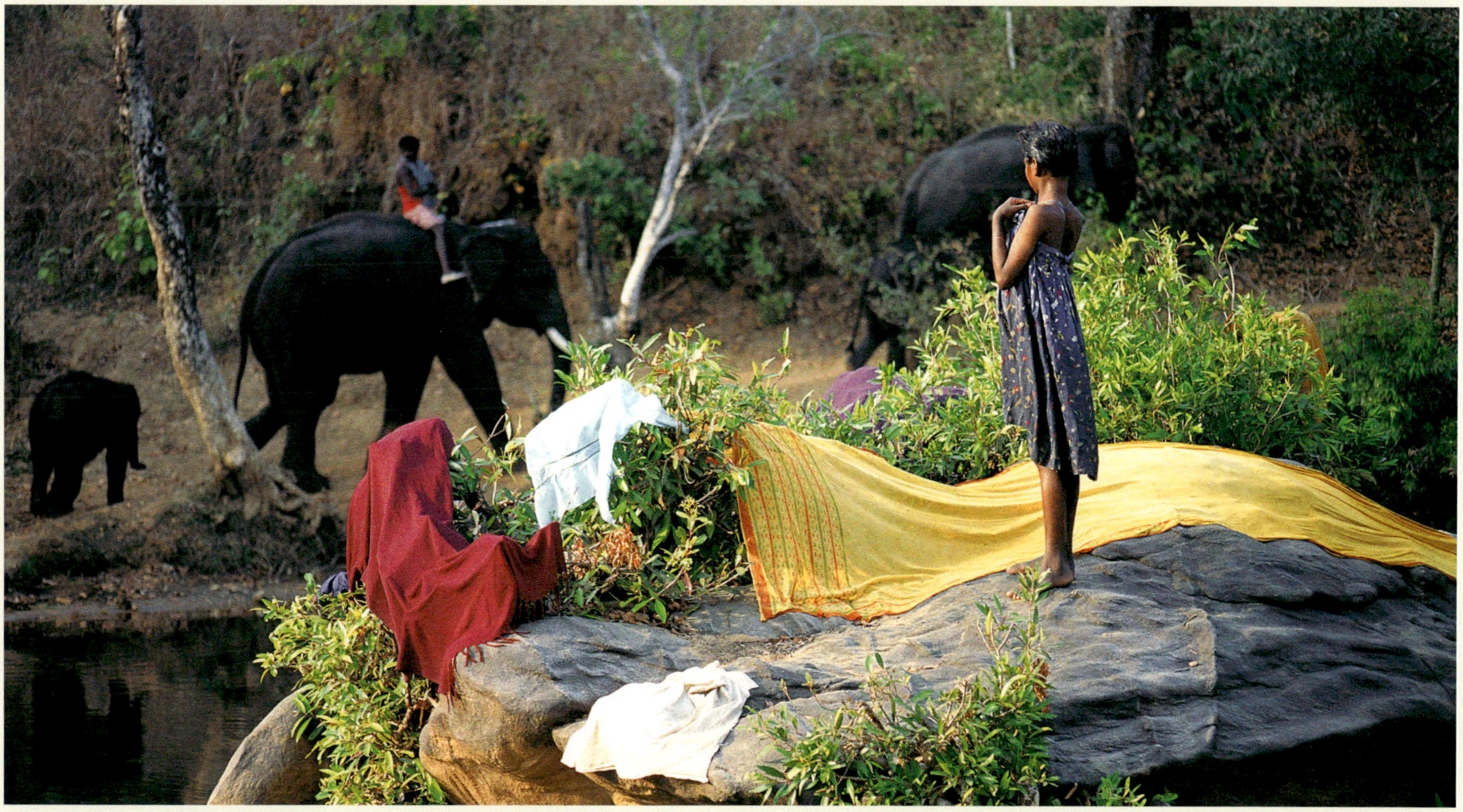

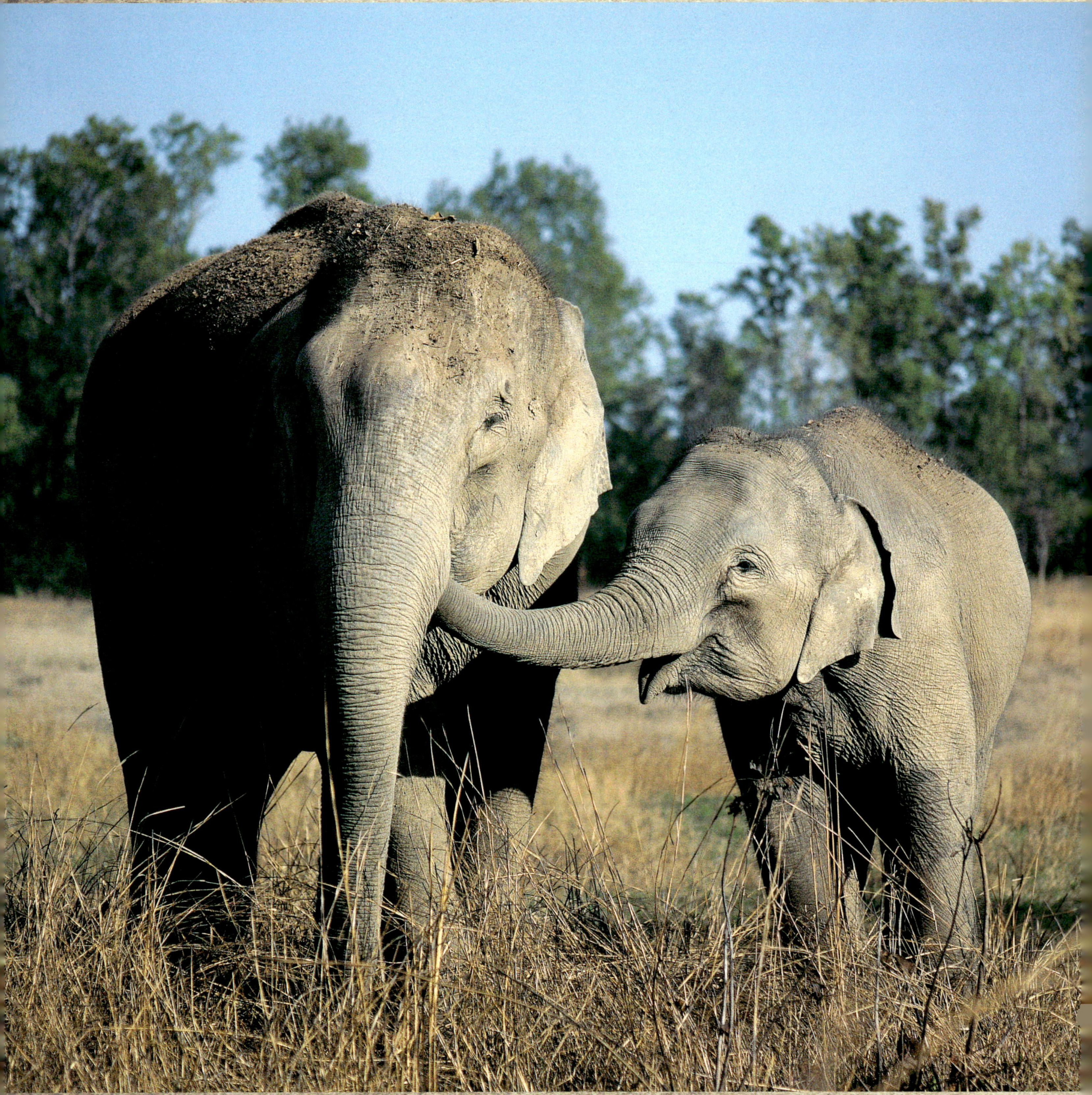

hathi

In Kiplings Dschungelbuch ist Hathi der Anführer der Elefanten. Eine wilde Elefantenherde wird dagegen nicht von einem Männchen, sondern von einem erfahrenen Weibchen geleitet. Dieser Umstand passte nicht zu den Idealen des britischen Kolonialreichs, und so wurden die Geschlechter kurzerhand getauscht. Hathi ist einer der ältesten Dschungelbewohner und verkörpert Würde und Disziplin. Um diese Eigenschaften zu unterstreichen, wurde dem Elefantenchef von Disney auch noch ein militärischer Rang zugestanden: Als Colonel Hathi leitet er die Elefantenpatrouille und sucht mit seiner Truppe nach dem vermissten Menschenkind Mogli, wobei die Dickhäuter im Dschungel eine Schneise der Verwüstung hinterlassen. Tatsächlich sollte man sich einem zielstrebigen Elefanten nicht in den Weg stellen, wie ich selbst beobachten konnte …

Ich sah einen großen Wildelefanten, der durch ein trockenes Reisfeld lief und energisch eine Straße überquerte, die auf der anderen Seite von kleinen Häusern gesäumt wurde. Er marschierte in einen Vorgarten und trompetete laut, wobei er wild mit den Ohren und dem Rüssel wedelte. Einige Hühner flüchteten gackernd vor seinen schweren Schritten. Dann riss der Koloss eine Leine mit aufgehängter Wäsche ab, knickte einen Baum beiseite, trampelte einen Zaun nieder und lief geradewegs in Richtung Dschungel. Erst dann trauten sich die Bewohner wieder langsam aus ihren Häusern und blickten dem gewaltigen Hinterteil nach, das schaukelnd in der Ferne verschwand.

Elefanten nutzen auf der Suche nach Nahrung und Wasser über Jahrhunderte dieselben traditionellen Wanderwege. Werden diese irgendwann von Dörfern oder Plantagen blockiert, kann es zu ernsten Auseinandersetzungen mit Menschen kommen. Da Elefanten sehr wehrhaft sind und einen enormen Appetit haben, ist das Konfliktpotenzial entsprechend groß. Trotz solcher Schwierigkeiten genießen die grauen Riesen hohes Ansehen. Der elefantenköpfige Ganesha ist eine der beliebtesten Gottheiten im Hinduismus, weil man ihm nachsagt, den Gläubigen Glück zu bringen. Elefanten besitzen also auch einen hohen symbolischen Wert. Daher besteht Grund zur Hoffnung, dass ihnen die religiöse Verehrung weiterhin von Nutzen sein wird.

Während sich Dachschildkröten (oben) häufig in Flüssen aufhalten,
durchquert das Panzernashorn nur selten breite Wasserarme (unten).

In den Wäldern Nordostindiens leben verschiedene Baumbewohner wie der Plumplori (links oben) oder der Kappenlangur (rechts oben).

*Ursprüngliche Regenwälder, wie es sie heute noch in Nordostindien
gibt, beherbergen eine unglaublich artenreiche Tier- und Pflanzenwelt.*

Ich schätze Reitelefanten sehr, denn wo kein Fahrzeug mehr durchkommt, bieten sie sicheren und bequemen Transport.

Nachdem Panzernashörner durch Großwild-
jagd und Wilderei fast aus ihrem gesamten
Verbreitungsgebiet verschwunden waren, hat
sich ihre Population im Kaziranga-Nationalpark wieder erholt. Mittlerweile leben hier über
1800 Tiere – das sind mehr als zwei Drittel
des Weltbestandes.

Wo sich der ungezähmte Ramganga-Fluss aus dem Himalaja durch den
Corbett-Nationalpark windet, ist noch genug Platz für wilde Elefanten.

die wüste der wölfe

Der Smaragdspint (ganz oben) kommt in vielen unterschiedlichen Lebensräumen vor, dagegen ist das Bindenflughuhn (oben) hervorragend an Trockengebiete angepasst. Die Khur (rechts oben) sind eine seltene Unterart des Asiatischen Wildesels und leben nur im Rann von Kutch. Dort teilen sie ihr Reich mit der Sternschildkröte (rechts unten).

Im Nordwesten ist Indien von Wüste und Trockenheit geprägt. Ein unwirtliches Land, so scheint es auf den ersten Blick, in dem nur wenige Kreaturen ihr Auskommen finden. Und doch haben sich einige besonders seltene Tierarten hierher zurückgezogen. Wildesel wandern durch die Salzebene und bringen das Kunststück fertig, sich von der spärlichen Vegetation zu ernähren. Wölfe schleichen durch die Wüste, und inmitten der kargen Landschaft locken flache Seen riesige Vogelschwärme an, die man hier nicht erwarten würde. Ein Land der Extreme, das seine Kostbarkeiten erst auf den zweiten Blick preisgibt.

Zielsicher lenkt Ayoop, mein Fahrer und Guide, den betagten Geländewagen über den rissigen Wüstenboden. Am Horizont lassen sich schemenhaft ein paar helle Punkte ausmachen, aber die heißen Luftmassen verhindern, dass ich auf diese Entfernung etwas Genaues erkenne. Bei jeder Senke, der Ayoop nicht ausweichen kann, ächzt das Fahrwerk. Der Wind peitscht über die Ebene, und die Luft schmeckt ein wenig nach Salz. Langsam nehmen auch die hitzeverzehrten Gestalten am Horizont Form an. Wir sind noch weit von ihnen entfernt, als der Wagen zum Stehen kommt, aber durch das Fernglas lassen sich die großen Tiere in der offenen Landschaft gut erkennen – es sind Asiatische Wildesel. Etwa zwanzig von ihnen trotten in einem lockeren Verband gemächlich durch die Wüste.

Ein außergewöhnlicher Anblick! Wildesel bevölkerten einst in riesigen Herden die Trockengebiete Asiens – ähnlich, wie man es heute noch von Zebras aus Afrika kennt. Inzwischen sind sie sehr selten geworden. Bei den Tieren, die ich gerade beobachte, handelt es sich um eine Unterart namens Khur. Sie leben nur noch hier im äußersten Westen Indiens nahe der Grenze zu Pakistan – im sogenannten Rann von Kutch.

Das ausgedorrte Land macht nicht den Eindruck, als wäre es ein idealer Lebensraum für große Pflanzenfresser. Nur im Randbereich der endlos erscheinenden Wüstenlandschaft gedeihen hagere Büsche. An einigen Stellen ist die monotone

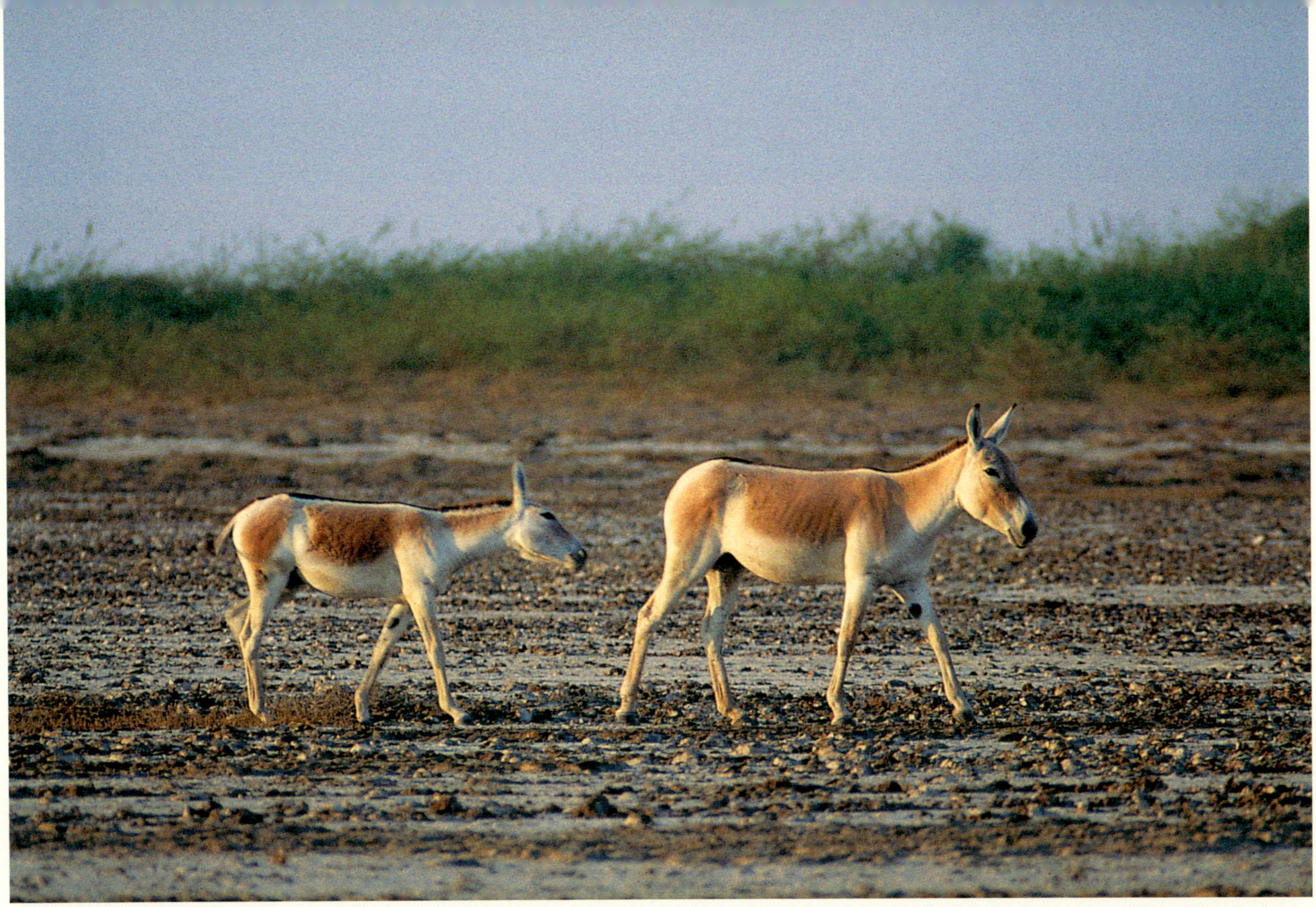

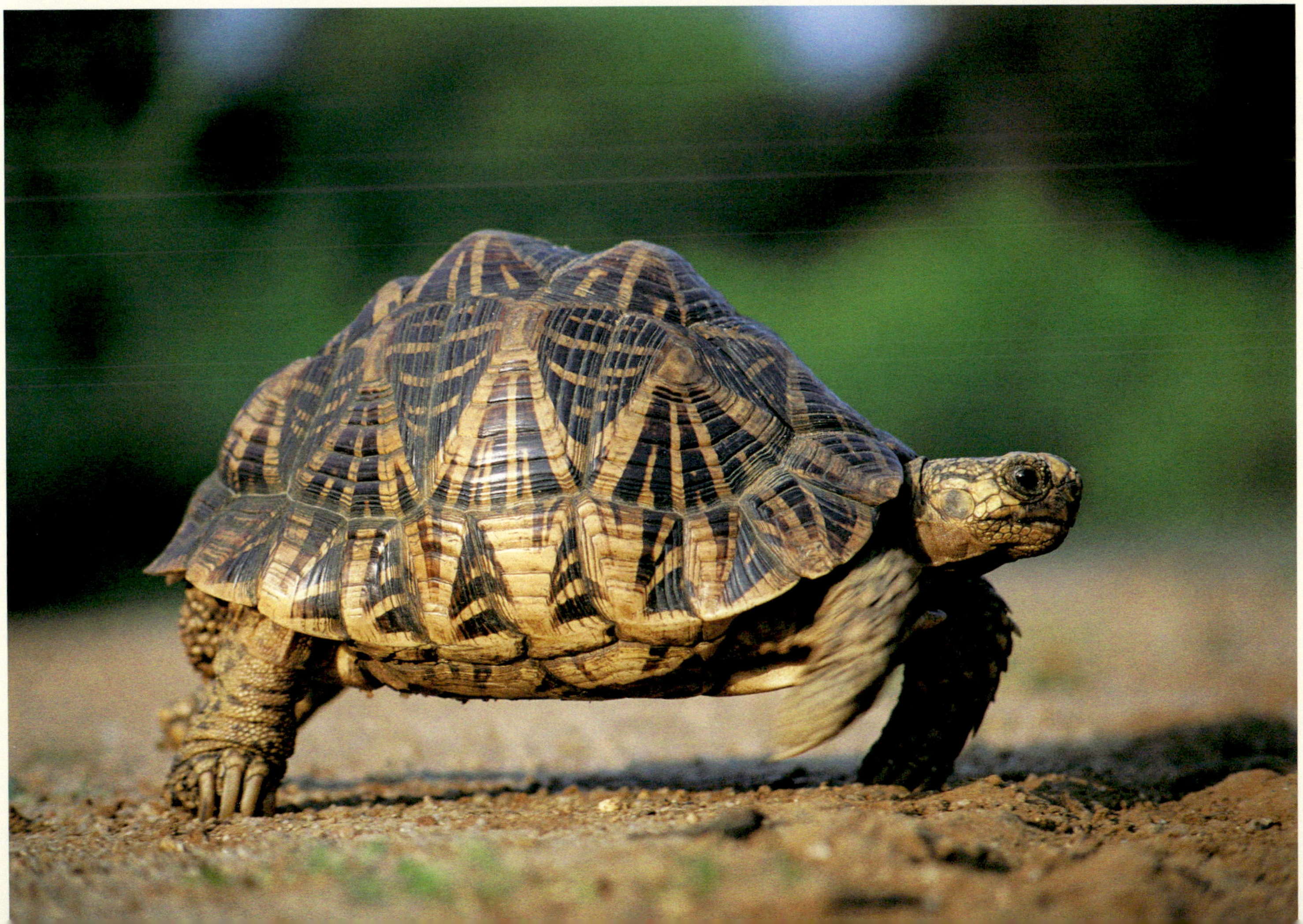

Wildesel ziehen in kleinen Gruppen durch die Wüste und halten sich bevorzugt in offenem Gelände auf. So haben sie ihre Umgebung immer im Blick und können drohende Gefahren schon frühzeitig erkennen.

Weite von Vegetationsinseln durchbrochen, die Wildesel gerne aufsuchen, um Blätter und Triebe zu fressen. Tagsüber halten sie sich meist in der offenen Wüste auf. So können sie Gefahren schon aus großer Distanz erkennen. Gelegentlich sollen hier Wölfe Jagd auf die Fohlen der Khur machen, aber Ayoop erklärt mir, dass es nahezu unmöglich ist, den scheuen Jägern zu begegnen. Konzentriert suche ich die Ebene ab: Ich sehe Wildeselmütter mit ihrem Nachwuchs, die sich zu kleinen Herden zusammengeschlossen haben. Die erwachsenen Hengste sind territorial und besetzen ein Revier, das sie energisch gegen Rivalen verteidigen. Sie hoffen stets darauf, dass Stuten durch ihr Territorium wandern, mit denen sie sich paaren können. Wenn tatsächlich Weibchen auftauchen, muss der Hengst schnell die Initiative ergreifen, bevor sie weiter zur Konkurrenz ziehen. Die meisten Fohlen werden während des Monsuns geboren. Was sie dann von ihrer Heimat sehen, entspricht keineswegs dem klassischen Bild einer Wüste. Der gesamte Regen eines Jahres fällt zwischen Juni

und September. Oft staut sich das Wasser und überschwemmt die Ebene, die sich vorübergehend in einen Sumpf verwandelt. Pflanzen sprießen, und die Tiere finden nun genug zu fressen. Das ist sehr wichtig, denn die Stuten müssen eine Menge Milch für ihren Nachwuchs produzieren. Das große Nahrungsangebot und der saisonale Wassersegen locken viele Lebewesen in den Rann von Kutch. Vor allem Vögel, die ja von Natur aus äußerst mobil sind, können schnell reagieren und fallen in Scharen ein. Kleine Bäche fließen wieder und sorgen dafür, dass einige flache Seen bis in die Trockenzeit erhalten bleiben. Sie ziehen alles Leben aus der Umgebung magisch an.

Das weiß auch Ayoop und steuert auf einen der Wüstenseen zu. Ich bin überwältigt: Verschiedene Reiherarten gehen im Zeitlupentempo auf Jagd, Rostgänse paddeln auf der Oberfläche, Stelzenläufer und Löffler suchen in Ufernähe nach Nahrung. Sogar Pelikane hat es hierher verschlagen – sie haben echten Pionier-

Bei der Suche nach Wölfen legen wir viele Kilometer mit dem Geländewagen zurück (rechts unten), finden aber oft nur die Spuren der Raubtiere (oben). Auf Wildesel treffen wir allerdings immer wieder (rechts oben) – sie sind in der deckungslosen Landschaft nicht zu übersehen.

geist. Wenn ihnen beim Fliegen auffällt, dass unter ihnen ein Gewässer funkelt, setzen sie oft zur Landung an und testen, ob dort für sie etwas zu holen ist. Etwas abseits suchen Flamingos nach Nahrung. Unermüdlich filtern die großen Rosaflamingos und die kleineren Zwergflamingos Mikroorganismen aus dem Wasser. Die eigentliche ornithologische Sensation aber sind Kraniche, die hier in riesigen Schwärmen überwintern.

Um einem ihrer Rastplätze näher zu kommen, lenkt Ayoop den alten Jeep parallel zum Seeufer durch leicht hügeliges, mit Akazien bewachsenes Gelände. Plötzlich fällt mir in einer Grasfläche zwischen den Bäumen ein markanter Kopf auf. Ich kann es kaum fassen und muss zweimal hinschauen: Es ist ein Wolf – am helllichten Tag! Es dauert nicht lange, bis er in der Vegetation verschwindet. Geistesgegenwärtig versucht Ayoop einen Platz anzusteuern, der bessere Sicht bietet. Dornige Akazienzweige peitschen gegen den offenen Jeep. Doch tatsächlich – in einer Senke hinter den Bäumen hockt der Wolf und wartet ab. Als er uns abermals sieht, trabt er durchs Gras, erhöht seine Geschwindigkeit, um eine deckungslose Fläche zu überqueren, und verschwindet dann endgültig im Dickicht. Wir steigen aus und suchen die Gegend mit dem Fernglas ab, finden jedoch nur seine frischen Spuren. Schließlich fahren wir weiter, und Ayoop befragt jeden Hirten am Wegesrand. Einer von ihnen hat vor acht Tagen eines der seltenen Raubtiere gesehen, aber in einer ganz anderen Gegend. Unser Wolf bleibt verschwunden.

Die Scheu der Wölfe hat ihren Grund. Weil sie Ziegen und Schafen nachstellen, sind sie vor allem den Millionen Hirten Indiens ein Dorn im Auge. Die erwachsenen Wölfe lassen sich mit Steinen und Geschrei von den Herden fernhalten. Stoßen die Viehhalter aber zufällig auf einen Bau mit Jungen, so werden diese meist ausgeräuchert. Mittlerweile sind Wölfe in Indien selten geworden, aber in den Wüsten im Westen des Landes haben sie ein Rückzugsgebiet gefunden. Die Tiere sind zäh und drahtig, aber auch ausgesprochen scheu und clever.

Eine weitere wichtige Nahrungsquelle der Wüstenwölfe sind heilige Kühe, denn ihr Fleisch darf aus religiösen Gründen von Menschen nicht genutzt werden. Wenn die Rinder sterben, werden sie einfach aus Städten und Dörfern an den Rand der Wüste gekarrt und dort liegen gelassen. Geier, Schakale und Wölfe beseitigen dann die Kadaver. Die Wölfe sind Aasfresser wider Willen, denn von den gut bewachten Ziegenherden einmal abgesehen gibt es für sie nur wenige Alternativen. Natürliche Beutetiere wie Hirschziegenantilopen sind hier mittlerweile sehr selten. Wegen des geringen Nahrungsangebots leben viele Wüstenwölfe nicht in großen Rudeln, sondern einzeln oder paarweise.

Auch der Wolf, den wir gerade beobachtet haben, war allein unterwegs. Obwohl er nicht mehr auftaucht, bin ich begeistert. Ayoop freut sich ebenfalls und erklärt mir ständig, was für ein wahnsinniges Glück ich hatte. In seinem rund dreißigjährigen Leben war er fast täglich im Rann von Kutch unterwegs und

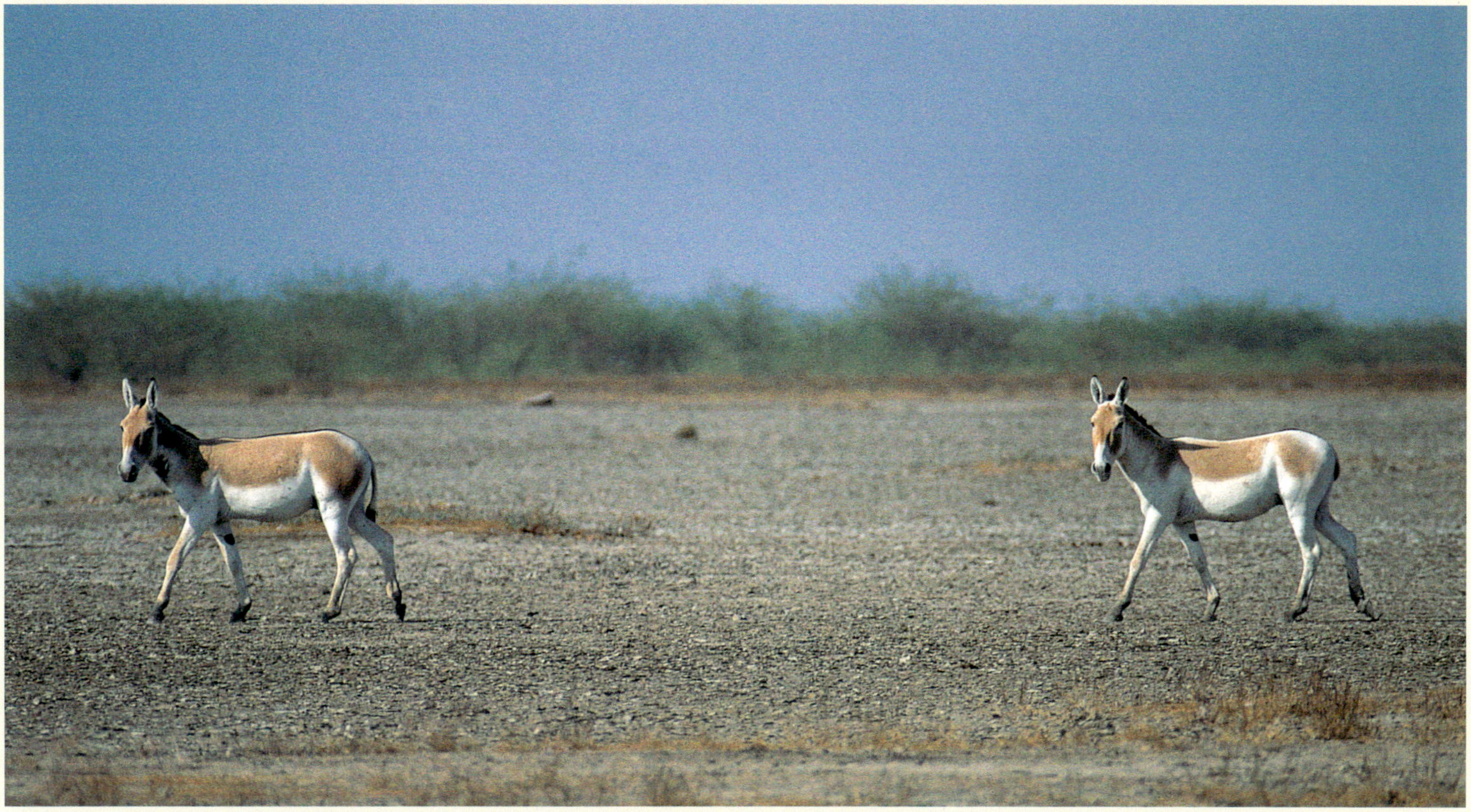

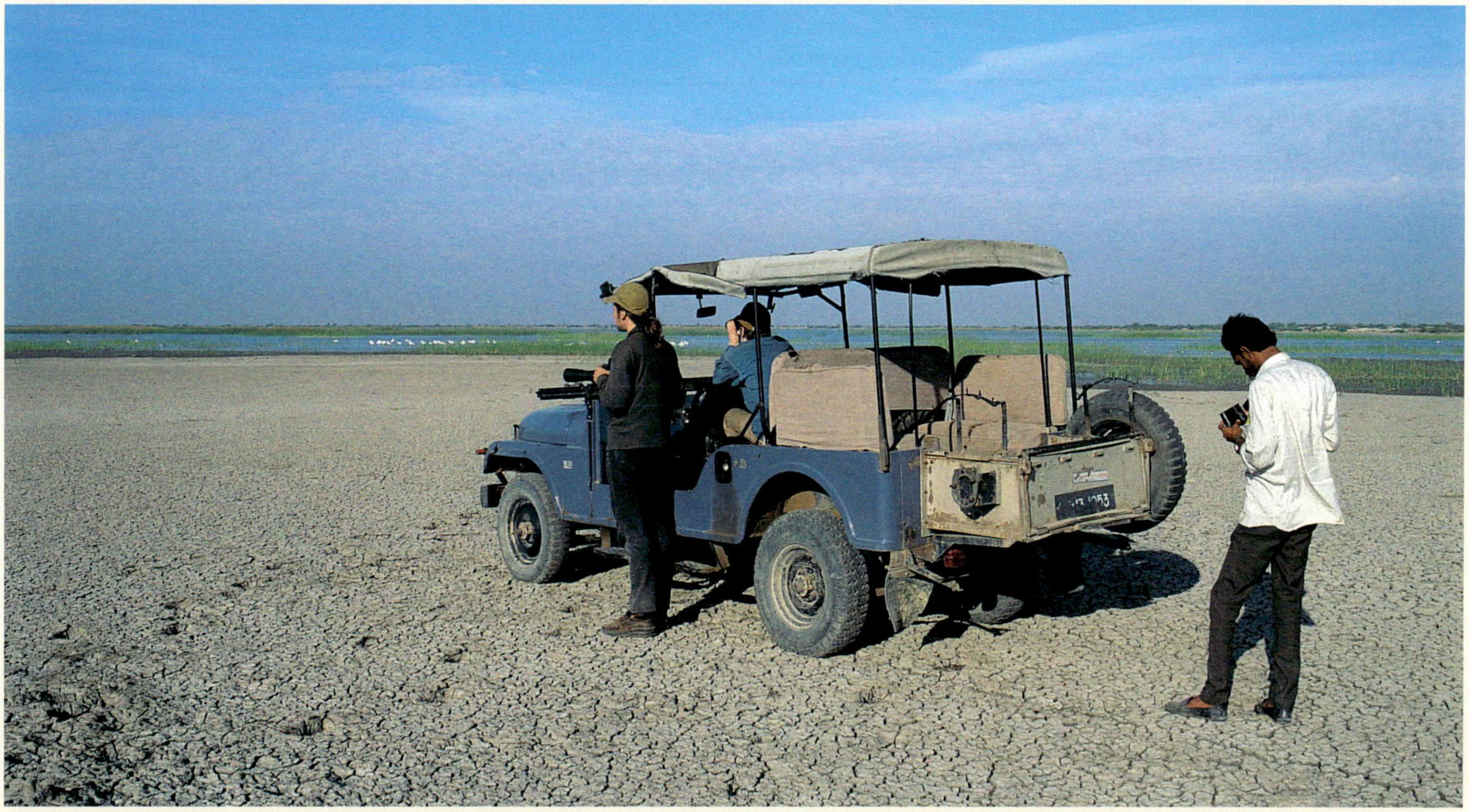

kennt das Gebiet sehr gut, trotzdem ist er nur sechs Mal einem Wolf begegnet. Da ist es geradezu unerhört, schon am zweiten Tag im Gelände das heimlichste Tier der Wüste zu sehen.

Ich weiß dieses Privileg zu schätzen und blicke zufrieden in die Ferne. Einige Wildesel trotten hintereinander durch die Ebene wie Dromedare in einer Karawane. Plötzlich höre ich ein charakteristisches Trompeten. Die Kraniche rufen und fliegen zum See, um im flachen Wasser zu übernachten. Sie bilden riesige Keilformationen, die Rufe werden lauter, und der erste Trupp lässt sich nieder. Es sind hauptsächlich Jungfernkraniche, die in Zentralasien brüten und im Westen Indiens in großer Zahl überwintern, aber auch einige Graue Kraniche sind darunter. Ein Geschwader nach dem anderen trifft ein, begleitet von lautstarken Rufen und dem Rauschen, das entsteht, wenn Hunderte Vögel mit den Flügeln ihre Geschwindigkeit drosseln. Als es dämmert schätzt Ayoop, dass sich sieben- bis achttausend Kraniche vor uns versammelt haben. Es ist ein gigantisches Spektakel.

Während der Stelzenläufer (unten) in den Seen nach Nahrung sucht, versammeln sich Jungfernkraniche in großen Schwärmen, um hier gemeinsam zu übernachten (rechts unten).

Der monotone Rann von Kutch hat nicht immer so viel zu bieten. Ich freue mich über mein Glück, beginne zu lächeln, und Ayoop fängt meinen Blick auf. Das erinnert mich daran, dass vieles kein Zufall war. Es geht eben nichts über einen Helfer, der selbst Interesse an der Natur hat und bereit ist, sein Wissen zu teilen.

Asiatische Wildesel und Nilgau-Antilopen waren einst sehr häufig in den Trockengebieten im Westen Indiens (oben).

akela

Es scheint geradezu paradox: Hunde gelten bei uns als die besten Freunde der Menschen, aber ihre Vorfahren, die Wölfe, sind so unbeliebt wie kaum ein anderes Wildtier. Überall auf der Welt schlägt ihnen Hass und Missgunst entgegen, und auch in vielen Teilen Indiens sind sie sehr unbeliebt. Dabei haben gerade die Wölfe im Dschungelbuch sowohl bei Kipling als auch bei Disney ein ausgesprochen gutes Image. Aufopferungsvoll und selbstlos kümmern sie sich um das Menschenkind Mogli, das ihnen als Waise anvertraut wird und ohne Hilfe dem Tode geweiht wäre. Dank der fürsorglichen Wölfe entwickelt sich der Junge prächtig, lernt die Gesetze des Dschungels kennen und wird zum vollwertigen Mitglied des Rudels.

Die Inspiration zu diesem paradiesisch anmutenden Bild fand Kipling sehr wahrscheinlich in einem Artikel des englischen Generals Sir W. H. Sleeman aus dem Jahr 1852. Er war als Angehöriger der britischen Kolonialmacht lange in Indien stationiert und veröffentlichte eine Sammlung von Augenzeugenberichten, nach denen es im indischen Dschungel angeblich mehrfach zu Fällen gekommen sein soll, bei denen Menschenkinder von Wölfen aufgezogen wurden. Seit Romulus und Remus, die der Legende nach von einer Wölfin genährt wurden und später Rom gründeten, fasziniert der Gedanke einer solch ungewöhnlichen Beziehung die Menschen. Für all diese Schilderungen fehlen allerdings handfeste Beweise.

Die Realität ist weniger idyllisch. In vielen Regionen Indiens sind die natürlichen Beutetiere der Wölfe, wie Hirsche oder Antilopen, sehr selten geworden, weil sie mit den Viehherden der Dorfbewohner um die spärliche Vegetation konkurrieren. Zwangsläufig müssen sich die hungrigen Wölfe also an Ziegen und Schafen vergreifen, was ihnen die Feindschaft der Hirten eingebracht hat. Regional wurden die Raubtiere stark dezimiert, aber zumindest in den westlichen Trockengebieten Indiens haben die Menschen niemals versucht, die Wölfe systematisch auszurotten. Sie verfolgen nur die Tiere, die ihren Herden am meisten zusetzen. Ein Wolf, der ihrem Vieh nicht zu nahe kommt, wird hier auch von den Hirten toleriert – der Respekt vor jedem Lebewesen ist tief in der indischen Kultur verwurzelt.

*Saisonale Seen in der Wüste locken Vögel aus der ganzen Umgebung
magisch an. Immer wieder landen Trupps von Jungfernkranichen
(oben), aber auch die Rostgänse fühlen sich hier wohl (unten).*

Nur mit viel Glück bin ich diesem Wolf begegnet (oben). Gelegentlich stellen Wölfe den Fohlen der Wildesel nach, an die schnellen und kräftigen Erwachsenen trauen sie sich jedoch nicht heran (unten).

Zwergflamingos brüten in den Salzebenen Westindiens. Mit ihren spezialisierten Schnäbeln filtern sie Mikroorganismen aus dem Wasser.

im land der löwen

*Die stolzen Asiatischen Löwen (rechts) beein-
druckten schon früh die herrschende Klasse.
Bis heute schmücken drei der Großkatzen das
indische Staatswappen (oben). In freier Natur
lassen sich die seltenen Tiere nur noch im
Gir-Schutzgebiet (ganz oben) und seiner
Umgebung beobachten.*

*Kaum jemand weiß, dass auch in Asien Löwen leben. Einst waren die impo-
santen Raubkatzen von Südosteuropa bis nach Indien verbreitet, doch rück-
sichtslose Jagd ließ ihre Bestände zusammenbrechen. Heute existieren nur
noch etwa 350 von ihnen in der Gegend des Gir Forest nordwestlich von
Bombay. Artenschützer hoffen, dass die Zahl der mittlerweile streng ge-
schützten Großkatzen wieder steigt. Deshalb wachen äußerst erfahrene
Fährtenleser über das Wohl der Tiere und folgen ihnen zu Fuß durch den
Dschungel. Gemeinsam mit ihnen bin ich den Löwen auf der Spur.*

Schon seit einer guten Stunde folgen wir einer Löwenfährte. Ich bleibe dicht
hinter meinem Guide Mohammed. Er kennt sich aus. Sehen können wir die
Raubkatzen noch nicht, doch sie scheinen ganz in der Nähe zu sein. Im ver-
trockneten Gras sind sie hervorragend getarnt – eine unheimliche Situation.
Plötzlich bewegen sich einige Halme verräterisch. Wir stoppen und lauschen:
Laut krachend zerbricht ein Knochen zwischen den Löwenkiefern. Ich wage
kaum zu atmen, doch Mohammed wirft mir einen ermutigenden Blick zu und
winkt mich weiter. Plötzlich hebt eine Löwin den Kopf und schaut zu uns herüber, gleich darauf mustert uns ein Männchen. Sein Maul ist blutverschmiert.
Der Fährtenleser signalisiert mir mit leicht erhobener Hand, jetzt nicht mehr
näher zu kommen. Die Löwen wirken satt und träge, offenbar ist ihr morgend-
liches Mahl so gut wie beendet. Unsere Anwesenheit scheint sie nicht zu stören, und sie widmen sich wieder den letzten Fleischresten an ihrem erbeuteten
Hirsch.

Die Asiatischen Löwen gehören zu den seltensten Raubtieren der Erde. Früher
kamen sie von Südosteuropa über Kleinasien und Persien bis nach Indien vor.
Als im 19. Jahrhundert effektive Schusswaffen weite Verbreitung fanden,
mussten die Löwen hohen Tribut zahlen. Der König der Tiere, der Stärke und
Macht symbolisiert und noch heute das indische Staatswappen schmückt, war
eine heiß begehrte Jagdtrophäe. Im Jahr 1870 wurde der letzte Löwe in der

Türkei geschossen, im Irak fiel das letzte wild lebende Exemplar 1918 an den Ufern des Tigris einer Kugel zum Opfer. Heute lebt nur noch ein kleiner Restbestand in der Gegend des Gir Forest im Bundesstaat Gujarat im Westen Indiens.

Das Herz des Dschungels ist als Nationalpark ausgewiesen und von einem Reservat umgeben, insgesamt steht eine Fläche von 1412 Quadratkilometern unter Schutz. Die ausgedehnten Teak- und Akazienwälder versorgen Zehntausende Pflanzenfresser, wie Hirsche oder Antilopen, mit Nahrung, die ihrerseits die Lebensgrundlage für viele Raubtiere darstellen. Neben den Löwen kommen auch Leoparden im Gir Forest häufig vor.

Am Nachmittag ziehen Mohammed und ich noch einmal los. Er weiß, dass die Chance groß ist, die vollgefressenen Löwen am gleichen Ort wiederzufinden, denn längere Strecken legen sie vor allem während der kühleren Nacht zurück. Natürlich behält er recht. Träge machen die beiden im Schatten eines Baumes ein ausgedehntes Verdauungsschläfchen. Nur um an einem nahen Wasserloch zu trinken, erhebt sich das Männchen. Dabei fällt eine ausgeprägte Hautfalte am Bauch auf – sie ist charakteristisch für Asiatische Löwen. Zudem haben die Männchen kürzere Mähnen als ihre afrikanischen Vettern. Der eigentliche Unterschied ist jedoch ihre Lebensweise. Asiatische Löwen bilden kleinere Rudel, weil sie im Wald leben. Eine strategische Jagd mit vielen Teilnehmern

Während afrikanische Löwen meist offene Landschaften besiedeln, leben ihre asiatischen Vettern im Wald (unten, rechts unten). Da hier eine gemeinschaftliche Jagd schwieriger ist als im weiten Grasland, bilden indische Löwen kleinere Rudel. Die Männchen zeichnen sich durch kurze Mähnen aus (rechts oben).

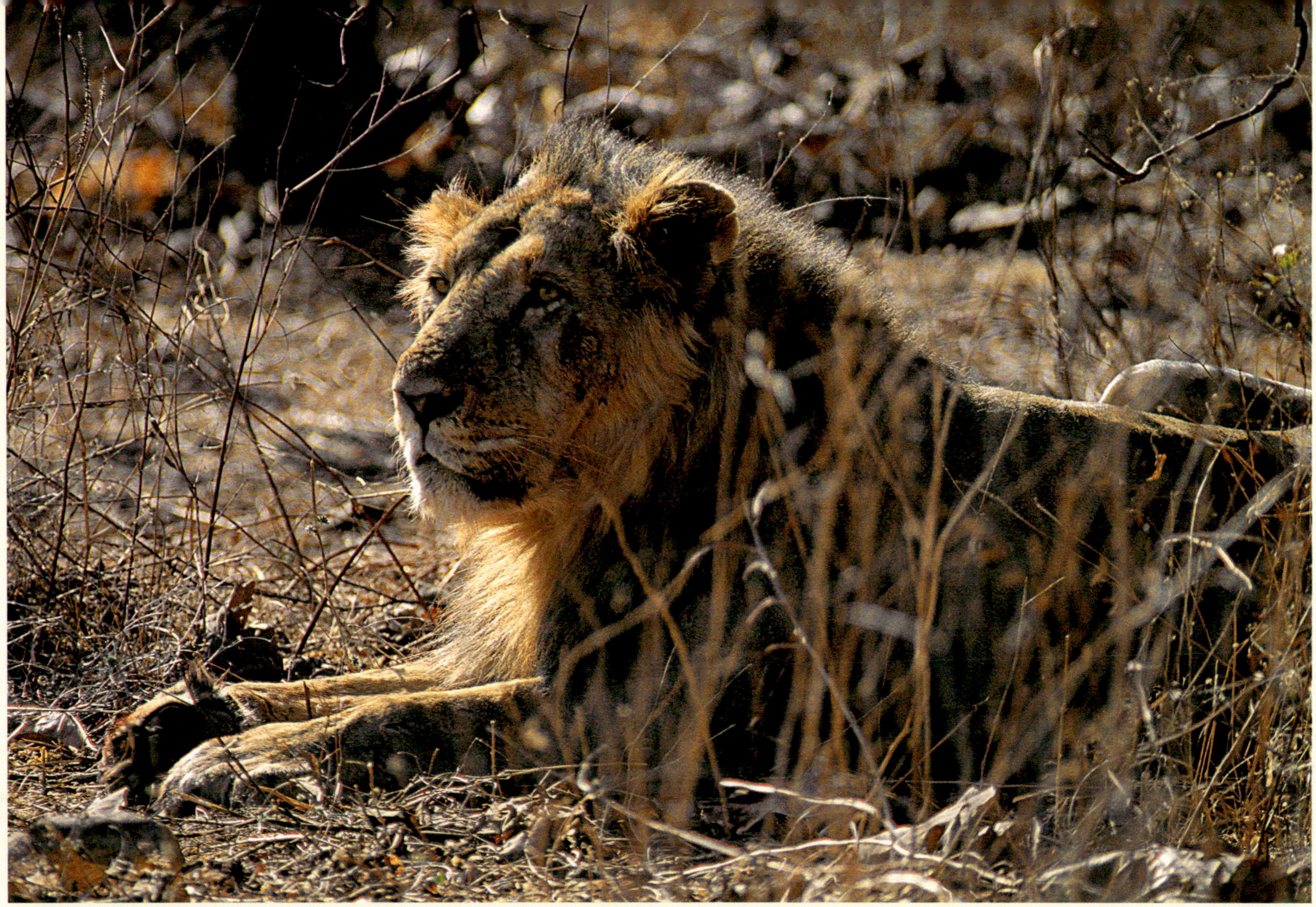

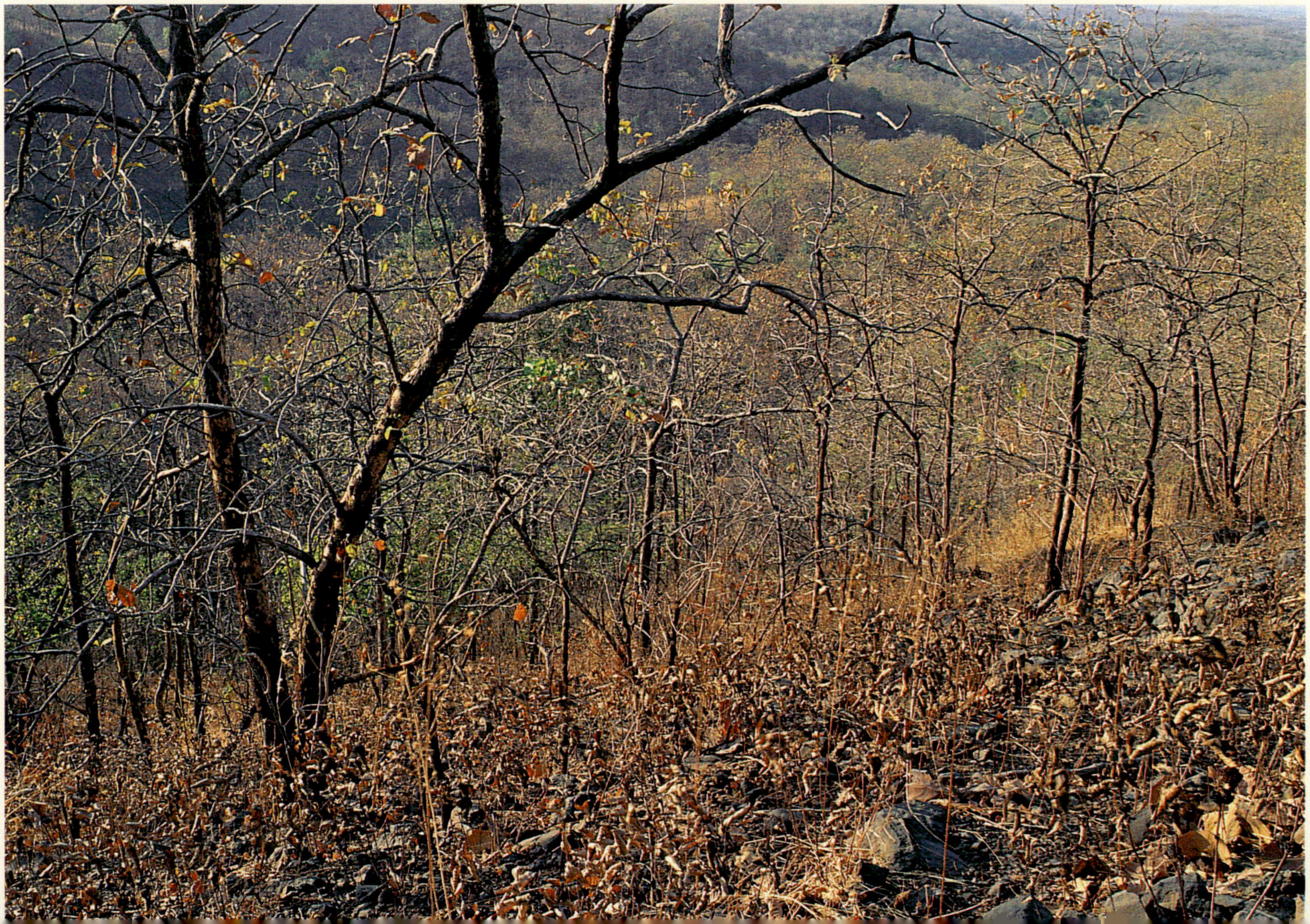

Fährtenleser folgen den Spuren der Löwen (oben) und spüren sie im Dschungel auf. Die Tiere sind den Anblick von Fußgängern gewohnt und verhalten sich meist sehr entspannt (unten). Dennoch ist es wichtig, die Raubkatzen nicht in ihren Verstecken zu überraschen (rechts).

wäre in der dichten Vegetation kaum möglich. Da es nicht leicht ist, die Großkatzen im Dschungel aufzuspüren, habe ich mich zu Beginn der Reise um eine Sondergenehmigung bemüht. Normalerweise darf man sein Fahrzeug im Schutzgebiet nicht verlassen, doch ich kann gemeinsam mit meinem Fährtenleser zu Fuß nach den Löwen suchen.

Mohammed ist ein Kind des Dschungels. Schon sein Vater und sein Großvater haben sich ihr Geld damit verdient, die Großkatzen im Wald aufzuspüren. Von seinen außergewöhnlichen Fähigkeiten kann ich mich am nächsten Tag überzeugen, als wir an anderer Stelle nach den Raubtieren suchen. Gelassen stochert sich der kleine drahtige Mann mit einem Akaziendorn zwischen den Zähnen herum, während er mit den Augen die Gegend absucht und darauf wartet, dass ihm der Dschungel verrät, wo sich die Großkatzen versteckt halten. Im Wald gibt es viele solcher Zeichen, und Mohammed versteht sie zu deuten. Am offensichtlichsten sind Pfotenabdrücke im Staub, doch auf steinigem Gelände muss der Fährtenleser auf andere Hinweise achten. Er entdeckt die charakteristisch gefärbten Haare, die ein Busch dem Fell eines vorbeihuschenden Leoparden entrissen hat. Auch die hornigen Plättchen, die sich von den Krallen eines Löwen gelöst haben, als dieser mit seinen mächtigen Pranken die Rinde eines Baums aufgeschlitzt hat, entgehen ihm nicht. Plötzlich steigt uns ein durchdringender Geruch in die Nase – hier hat ein Löwe sein Revier markiert. Wir wechseln in ein schattiges, ausgetrocknetes Bachbett, weil

die Großkatzen in der heißen Jahreszeit häufig entlang dieser bequemen Pfade laufen. Sie stellen für die Tiere gewissermaßen ein natürliches Wegenetz im Dschungel dar.

Leider weiß ich nie so recht, welchen Plan Mohammed verfolgt, denn die Verständigung fällt uns schwer. Seine Muttersprache ist Gujarati, daneben spricht er Hindi und sehr wenige englische Wörter. Mit meinem Englisch komme ich also nicht weit. Im Wesentlichen beschränken wir uns daher auf bejahende und verneinende Kopfbewegungen, hochgezogene Augenbrauen und Gesten, um Größe oder Richtung anzudeuten. Plötzlich ertönen ganz in der Nähe Alarmrufe von Axishirschen. Auch Hanuman-Languren, hübsche Affen mit schwarzen Gesichtern, stimmen in den Chor ein. Das ist ein gutes Zeichen. Viele Tiere des indischen Dschungels stoßen aufgeregte Schreie aus, wenn sie ein Raubtier entdecken. Wer sie zu deuten versteht, hat wichtige Verbündete bei der Suche nach den Großkatzen. Da mir Mohammed ohnehin nicht verständlich machen kann, was er vorhat, packt er mich kurzerhand am Ärmel und beginnt, durch das Bachbett in Richtung der Rufe zu rennen. Der Fährtenleser trägt kein Gewehr, sondern lediglich einen Stock bei sich. Jetzt hilft nur Vertrauen – ich hoffe, dass er weiß, was er tut. Die Warnrufe werden immer lauter. Als wir um eine Kurve biegen, ist Mohammed genauso erstaunt wie ich: Vor uns sitzt kein Löwe, sondern ein Leopard! Zwanzig Meter entfernt genießt das wunderschöne Tier die Sonne. Die schläfrige Katze braucht einen

Das harte Leben im indischen Dschungel hinterlässt seine Spuren. Man möchte kaum glauben, dass mein Fährtenleser Mohammed erst 27 Jahre alt ist (unten). Dennoch beweist er immer wieder seine Erfahrung. Als wir einen toten Axishirsch entdecken, erscheinen bald Löwen, um an ihrer Beute zu fressen (rechts).

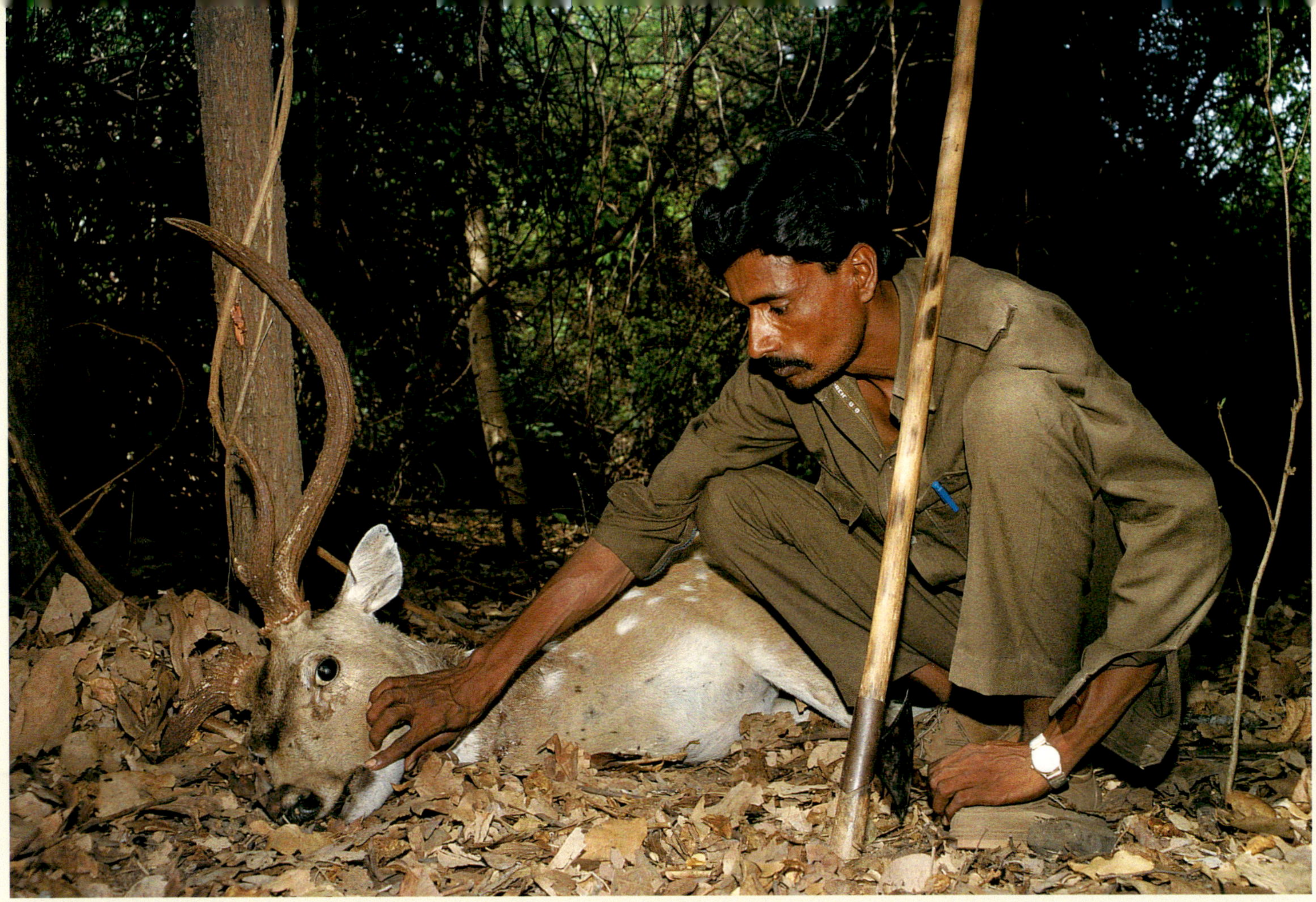

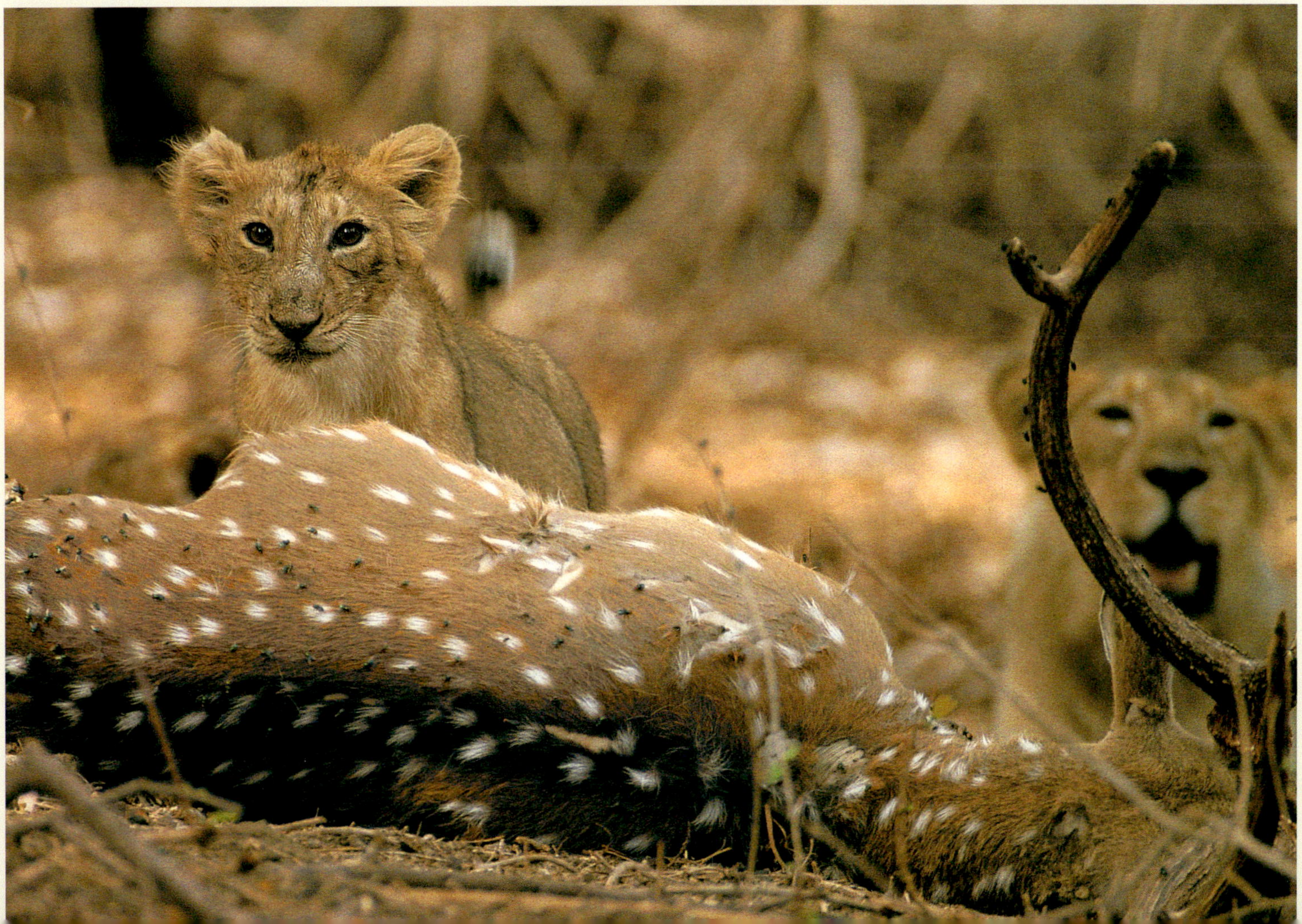

Moment, um uns zu bemerken. Dann blickt sie uns erstaunt aus ihren bernsteinfarbenen Augen an und verabschiedet sich in Sekundenschnelle mit einem gewaltigen Sprung ins Dickicht. Obwohl der Leopard noch ganz in der Nähe sein muss, können wir ihn nicht mehr entdecken. Auch wenn Mohammed und ich keine gemeinsame Sprache sprechen, ist nicht zu übersehen, wie sehr sich mein Fährtenleser über die seltene Beobachtung freut. Einem Leoparden tagsüber zu Fuß zu begegnen, ist eben einer dieser magischen Momente, die sich nicht planen lassen.

Auch den König der Tiere zu finden ist nicht leicht. Aber die Maldharis, ein traditionelles Hirtenvolk, begegnen ihm regelmäßig, denn sie leben mitten im Land der Löwen. Die direkte Nachbarschaft zu gefährlichen Raubtieren ist für sie eine Selbstverständlichkeit. Tagsüber lassen die Hirten ihre Wasserbüffel im Dschungel weiden. Natürlich können die Löwen dieser Versuchung oft nicht widerstehen. Den Verlust von so manchem Tier tragen die Maldharis mit einer geradezu philosophischen Gelassenheit. Da sie ins Reich der Löwen eingedrungen sind, und nicht umgekehrt, müssen sie auch ihren Tribut zahlen – so formuliert es einer der Dorfältesten. Um die Angriffe in Grenzen zu halten, werden die Büffel abends in dornenbewährte Pferche getrieben. Die Großkatzen kennen diese Routine längst und wagen sich im Schutz der Dunkelheit nah an die Dörfer heran. Daher wissen die Maldharis oft sehr genau, wo sich gerade Löwen aufhalten.

Wo Wasser fließt, gedeiht auch während der Trockenzeit im Gir-Schutzgebiet spärliches Grün (links oben). Die Maldharis, ein traditionelles Hirtenvolk, baden und tränken hier ihre Wasserbüffel (links unten). Das wissen auch die Löwen, die sich daher gerne in der Nähe aufhalten (unten).

Einer der Hirten erklärt Mohammed, wo er kürzlich ein ganzes Rudel gesehen hat, und der Fährtenleser braucht nicht lange, um die Großkatzen im Dschungel aufzuspüren. Es sind vier erwachsene Weibchen, zwei halbwüchsige Männchen und ein etwa vier Monate altes Junges. Wir nähern uns langsam, aber deutlich sichtbar, um die Tiere nicht zu überraschen. Prüfend blicken die Löwinnen zu uns herüber, dulden aber, dass wir uns in etwa fünfzehn Meter Entfernung vor ihnen auf den Boden setzen. Träge lassen sie ihre schweren Häupter wieder auf die Seite sinken und dösen im Schatten einer Akazie. Es ist noch sehr heiß, kaum ein Vogel ist zu hören, nur das monotone Zirpen der Zikaden. Dem Löwenbaby ist das Schlafen viel zu langweilig. Genüsslich kaut es auf dem Schwanz eines Weibchens, wird aber schließlich mit einem sanften Prankenhieb zur Seite befördert. Halb so wild, denn schon versucht es einen Baumstamm zu erklimmen. Als ein Schmetterling vorbeigaukelt, schaut das Kleine dem Insekt interessiert hinterher, verliert das Gleichgewicht und purzelt von seiner Warte. Knapp zwei Stunden sitzen wir da und staunen. Im Grunde ereignet sich nichts Spektakuläres, keine Jagd, kein Zähnefletschen. Aber es ist fast paradiesisch, den beeindruckenden Tieren so nah zu sein, ohne die Idylle zu stören.

Durch konsequente Schutzmaßnahmen ist der Bestand der Asiatischen Löwen während der letzten hundert Jahre stetig gewachsen. Doch die erfreuliche Zunahme bringt ein neues Problem mit sich: Das Schutzgebiet ist zu klein, es

Die Maldharis leben seit Generationen unter einfachsten Bedingungen mitten im Land der Löwen. Obwohl sie den Tieren nicht feindlich gegenüberstehen, bleibt die Nachbarschaft von Mensch und Raubkatze ein schwieriger Balanceakt, denn das Vieh, das die Löwen reißen, ist die Existenzgrundlage der Hirten.

*Weil Büffel (unten) eine große Versuchung für die Löwen sind,
schützen die Maldharis ihre Behausungen mit dornigen Zweigen (oben).*

kann keine weiteren Tiere mehr verkraften. Es gibt jedoch nicht zu viele Löwen, sondern zu wenig Land. Früher haben sich die Raubkatzen auf eine wesentlich größere Fläche verteilt. Heute leben sie in einer fast unnatürlich hohen Bestandsdichte eng beieinander. Auswandern ist schwer, denn der Gir Forest ist von landwirtschaftlichen Nutzflächen umgeben. Kein Wunder also, dass es immer häufiger zu Revierstreitigkeiten unter den Großkatzen kommt. Zudem könnte der Ausbruch einer Krankheit alle Löwen dahinraffen. Seit vielen Jahren wird daher die Gründung einer weiteren Population diskutiert. Die Löwen sollen an einen geeigneten Ort ihres ehemals riesigen Verbreitungsareals zurückgebracht werden. Ein potenzielles Wiedereinbürgerungsgebiet in Zentralindien wurde bereits ausgewählt.

Doch während sich die Verantwortlichen noch die Köpfe heißreden und die nötigen Papiere darauf warten, unterschrieben zu werden, haben die Löwen längst selbst über ihr Schicksal entschieden. Immer mehr Tiere verlassen das Schutzgebiet und durchqueren das Reich der Menschen auf der Suche nach neuen Territorien. Tatsächlich ist es einigen Löwen auf ihren Odysseen durch Mangohaine, Dörfer und Zuckerrohrfelder gelungen, kleine Buschgebiete im Hinterland und an der Küste des Indischen Ozeans zu erreichen. Diese Auswanderer sind Pioniere wider Willen, aber auch Hoffnungsträger, denn in ihrer neuen Heimat haben sie schon für Nachwuchs gesorgt. Vielleicht lösen die Asiatischen Löwen einen Teil ihrer Probleme also bald selbst.

Valimohmed ist der älteste Fährtenleser des Gir Forest (rechts). Er organisierte einst Löwenjagden für den lokalen Herrscher und wurde für seine Dienste mit einem Grammofon belohnt. Wenn er von alten Zeiten erzählt, versammeln sich immer viele interessierte Zuhörer. Auch Ladenbesitzer und Straßenkünstler sind stolz auf „ihre" Löwen (unten).

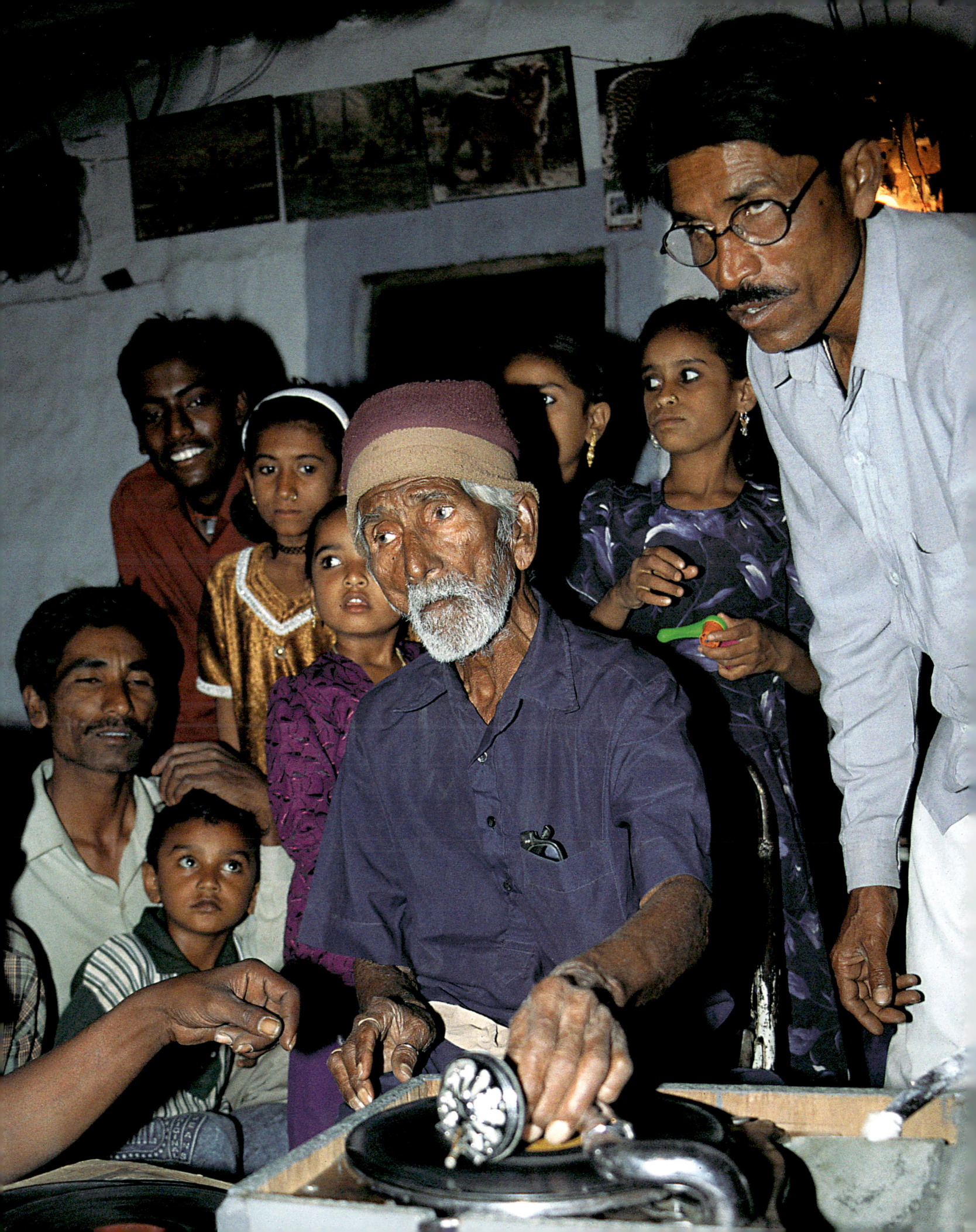

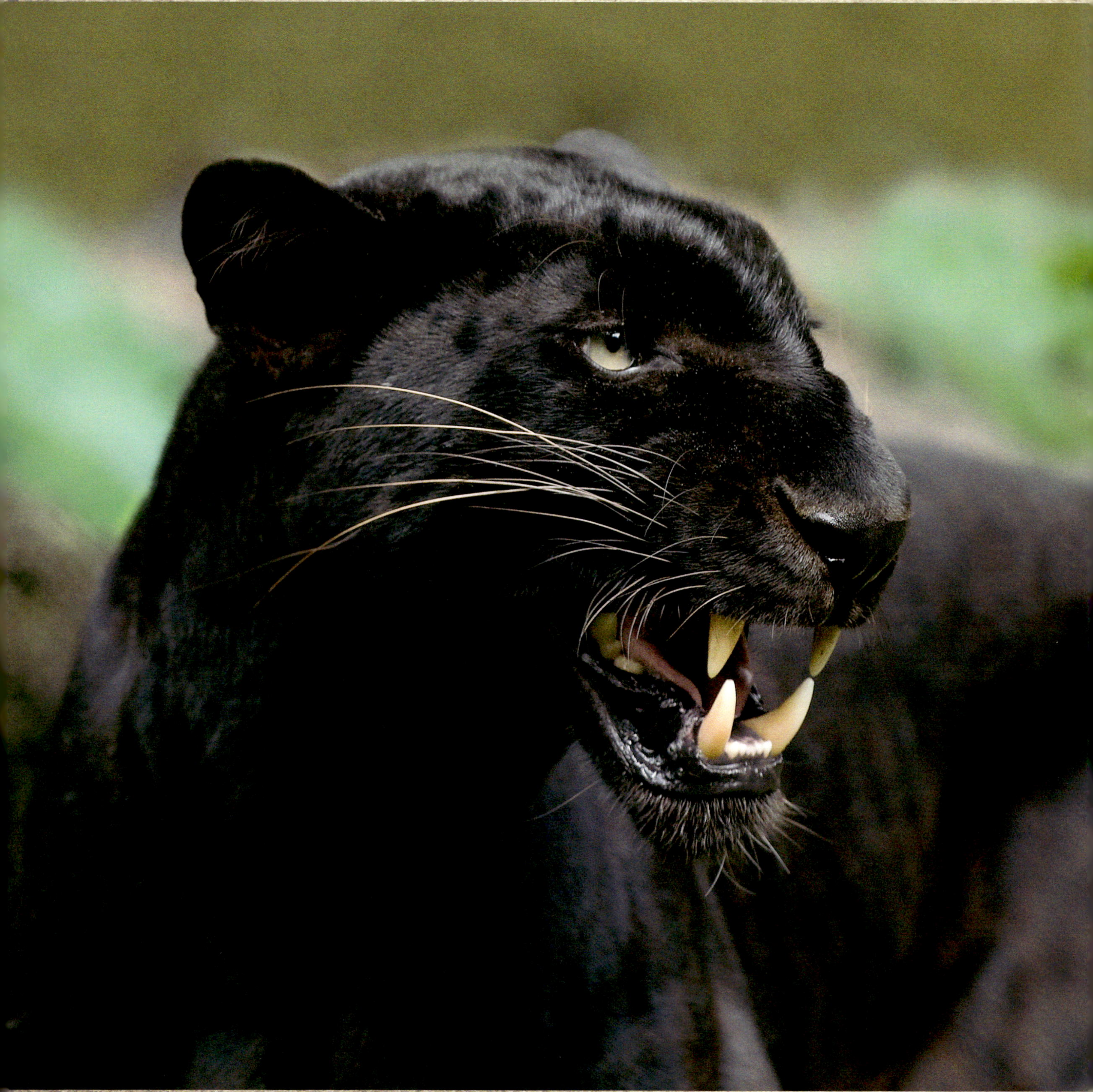

baghira

Baghira, der schwarze Panther, hat im Dschungelbuch sowohl bei Kipling als auch bei Disney die Rolle des Edelmanns. Er wird als tapfer und verantwortungsvoll, elegant und aristokratisch dargestellt. Die edle Raubkatze findet den Säugling Mogli im Wald, quartiert ihn bei einer Wolfsfamilie ein und bringt ihm bei, seinen Verstand einzusetzen.

Schwarze Panther sind tatsächlich etwas Besonderes, denn es handelt sich um eine seltene Farbvariante von gefleckten Leoparden. Eine normal gezeichnete Mutter kann in einem Wurf sowohl gefleckte als auch schwarze Junge zur Welt bringen. In günstigem Licht lässt sich bei ihnen ebenfalls eine schwache Rosettenzeichnung erkennen. Schwärzlinge treten in dichten tropischen Regenwäldern besonders häufig auf. Wahrscheinlich haben sie in dunklen Lebensräumen einen Vorteil gegenüber auffälliger gefärbten Artgenossen. In Indien werden Schwarze Panther vor allem in den Regenwäldern im Südwesten und Nordosten gesichtet. Aus dem Zentrum des Landes, wo das Dschungelbuch spielt, ist nur die gefleckte Variante bekannt. Bis heute sind Leoparden weit über den Subkontinent verbreitet, auch wenn sie nirgendwo besonders häufig vorkommen. Sie machen sogar in den Vororten von Bombay Jagd auf Hunde. Warum ihre Heimlichkeit und ihr gespenstisches Wesen als legendär gelten, hat mir ein Erlebnis besonders deutlich gezeigt.

Dort, wo der Dschungel langsam in die Felder übergeht, lag meine Unterkunft. Hier hatte auch ein alter Leopard sein Revier. Damit keine ungebetenen Dschungelbewohner auf dem Grundstück ihr Unwesen trieben, sah bei Dunkelheit ein Nachtwächter nach dem Rechten. Zusammen mit seinen Hunden machte er es sich um ein Feuer gemütlich. Das schreckte den Leoparden aber nicht ab, nachts ins Camp zu schleichen. Er tötete lautlos und geisterhaft. Am nächsten Morgen waren nur seine Spuren zu sehen, und ein Hund war verschwunden – der Nachtwächter hatte nichts bemerkt. Durch solche geradezu magischen Eigenschaften haben Leoparden bessere Chancen als andere Großkatzen, auch im 21. Jahrhundert zu überleben.

Leoparden kommen im Gir-Schutzgebiet häufig vor. Sie müssen sich immer vor den stärkeren Löwen in Acht nehmen.

Die Löwen vertrauen ihrer hervorragenden Tarnung (oben),
wenn sie den Viehherden der Maldhari-Hirten folgen (unten).

Ein Rudel von sechs Asiatischen Löwen ist schon relativ groß (oben).
Oft jagen die Tiere zu zweit, manchmal allein (unten).

*Männliche Löwen (oben) können gemeinsam besser ein Revier
verteidigen. Weibchen (unten) bilden den Kern eines Rudels.*

*Mitten im Dschungel steht ein Altar vor einem Feigenbaum,
auf dessen Ästen gerne ein Leopard rastet.*

Die Löwen sind völlig entspannt und dulden die Anwesenheit von meinem Fährtenleser und mir – ein großartiges Gefühl!

dank

Als Fotograf ist es natürlich sehr schön, seine gesammelten Werke in einem Buch zu veröffentlichen. Die größte Belohnung für mich war jedoch, all das, was in diesem Band gezeigt wird, mit eigenen Augen zu sehen. Über einen Zeitraum von fünfzehn Jahren bin ich immer wieder nach Indien gereist, auf der Suche nach dem, was übrig ist von der großartigen und einst unermesslichen Wildnis des indischen Subkontinents. Bei manchen Fotos hatte ich einfach Glück. Die meisten Aufnahmen musste ich mir jedoch hart erarbeiten, denn viele Dschungelbewohner sind äußerst scheu und leben in schwer zugänglichen Gebieten. Deshalb bin ich sehr dankbar für die Hilfe zahlreicher Fährtenleser und Forest Guards wie Lakan Singh, Mohammed, Ibrahim, Murat, Valimohmed, Tensing, Ayoop, Kuttapan, Mohawir und Tirath. Sie ermöglichten mir beeindruckende, exklusive Tierbeobachtungen, und ihre oft jahrzehntelange Erfahrung erwies sich als sehr nützlich, wenn wir überraschend einem Elefanten oder einem anderen wehrhaften Wildtier in die Augen blickten.

Es war schön und aufregend, für die Familie Sankhala in ihren Jungle Lodges arbeiten zu können. Kailash Sankhala, der erste Direktor von Projekt Tiger, war sicherlich eine der schillerndsten Persönlichkeiten im indischen Artenschutz. Auch frühe Treffen mit Valmik Thapar und dem „Tigerguru" Fateh Singh Rathore waren für mich sehr inspirierend. Auf späteren Reisen waren K. S. Abdul Samad und I. Ravindranath große Hilfen.

In Deutschland bin ich vor allem Dr. Fritz Jantschke zu Dank verpflichtet. Als Redakteur der Zeitschrift „Das Tier" war er seinerzeit entscheidend für meinen ersten fotografischen Auftrag in Indien verantwortlich. Die Arbeiten der beiden hervorragenden Indienkenner Dr. Gertrud Neumann-Denzau und Dr. Helmut Denzau waren für mich stets eine große Inspiration. Danken möchte ich auch Ivo Nörenberg, der mich auf einer schwierigen Reise in jeder Hinsicht unterstützt hat.

Beim KOSMOS-Verlag danke ich Alke Rockmann, Theresa Baethmann, Markus Schärtlein, Birgitta Barlet und Stephanie Wilhelms für die gute Zusammenarbeit. Andrea Burk und Melanie Weber von solutioncube schufen das Layout, das Team von Repro Schmidt aus Dornbirn sorgte für die Druckvorlagen, Wolfgang Lang lieferte die Karte auf Seite vier. Besonderer Dank gilt Yvonne Krüger für ihre moralische Unterstützung und für ihre konstruktive Kritik am Manuskript. Romina Brustolon und Swen Keller lieferten ebenfalls wertvolle Hinweise zur Verbesserung vieler Textpassagen. Allen, die zum Gelingen des vorliegenden Werkes beigetragen haben, möchte ich ganz herzlich danken.

Axel Gomille

Wenn man wilde Tiere fotografieren möchte,

läuft nicht immer alles nach Plan. Die meisten Wildtiere meiden den Menschen, viele Gebiete sind nur schwer zugänglich, und oft spielt das Wetter nicht mit. So war ich mit der fotografischen Ausbeute bei meiner Suche nach indischen Wölfen nicht zufrieden. Freundlicherweise hat Dr. Gertrud Neumann-Denzau zwei Wolfsbilder zur Verfügung gestellt. Mehrere Aufnahmen, die mich bei der Arbeit in Indien zeigen, stammen von Ivo Nörenberg.

Auch die wilden Leoparden verhielten sich nicht wie erhofft. Sie waren fast ebenso scheu wie die Wölfe und verschwanden bei der kleinsten Störung. Da sie im Buch nicht fehlen sollten, entstanden die Fotos auf den Seiten 146–149 unter kontrollierten Bedingungen mit Gehegetieren. Die Kobra auf Seite 76 wurde von Einheimischen für das Foto gefangen und danach wieder freigelassen.

Einige Aufnahmen aus dem Kapitel „Im Reich der Riesen" zeigen keine Wildelefanten, sondern zahme Arbeitstiere. Das Bild auf Seite 88 wäre anders nicht zu realisieren gewesen, denn für diese Weitwinkelperspektive kniete ich keine zwei Meter vor dem Elefantenbullen und fotografierte nach oben. Ein Szenario, das sich mit einem Wildelefanten einfach nicht umsetzen lässt – er würde fliehen oder angreifen. Aus den gleichen Gründen stammt das Elefantenauge auf Seite 96 von einem zahmen Exemplar, und natürlich sind die Tiere auf der Doppelseite 100/101 Arbeitselefanten.

Bei allen übrigen Aufnahmen des Buches handelt es sich um authentische Dokumentarbilder aus freier Natur, die ich auf vielen Reisen gemacht habe.

Axel Gomille

Impressum

Mit 175 Farbfotos: Dr. Gertrud Neumann-Denzau (2): 114, 124; Ivo Nörenberg (8): 12, 17 o., 71 o., 77, 91, 98 u., 108/109, Rücktitel oben; alle anderen Aufnahmen (165) stammen vom Autor. Die Karte auf S. 4 hat Wolfgang Lang angefertigt.

Umschlaggestaltung von solutioncube GmbH, Reutlingen, unter Verwendung einer Fotografie von Axel Gomille (Tigerin mit einem fast erwachsenen Jungtier im Bandhavgarh-Nationalpark, Zentralindien).

Unser gesamtes lieferbares Programm und viele weitere Informationen zu unseren Büchern, Spielen, Experimentierkästen, DVDs, Autoren und Aktivitäten finden Sie unter **www.kosmos.de**

Gedruckt auf chlorfrei gebleichtem Papier

© 2008, Franckh-Kosmos Verlags-GmbH & Co. KG, Stuttgart
Alle Rechte vorbehalten
ISBN: 978-3-440-11239-7
Projektleitung: Alke Rockmann, Teresa Baethmann
Layout und Satz: solutioncube GmbH, Reutlingen
Produktion: Markus Schärtlein
Printed in Germany/Imprimé en Allemagne

Die Natur hautnah erleben

Jürgen Heup
Bär, Luchs und Wolf
160 Seiten, 50 Fotos, 13 Verbreitungskarten
€/D 19,95; €/A 20,60; sFr 36,90
ISBN 978-3-440-11003-4

- Gibt es in unseren weitgehend zivilisierten Wäldern überhaupt noch Platz für die großen Jäger und Wildtiere wie Fischadler, Elch, Biber und Fischotter?

- Folgen Sie den Spuren von Wolf, Bär, Luchs und Co und erleben eine abenteuerliche Reise durch unsere heimische Wildnis!

- Mit allen wichtigen Informationen über Biologie, Verhalten, Lebensraum und Verbreitung der Heimkehrer sowie aktuellen Studien.

Claudine André
Wilde Zärtlichkeit
264 Seiten
€/D 19,95; €/A 20,60; sFr 36,90
ISBN 978-3-440-11007-9

- „Mikeno, ich werde dich retten", verspricht Claudine André dem kranken Bonobowaisen, dessen Mutter von Wilderern getötet wurde – so beginnt ihr Engagement für die Bonobos.

- Claudine André setzt alle Hebel in Bewegung, rettet Mikeno und noch vielen anderen Bonobowaisen das Leben und gründet die Bonobo-Schutzstation Lola ya Bonobo.

- Die bewegende Autobiographie einer mutigen Frau in der Tradition von Jane Goodall und Diane Fossey.